# EXPOSITION UNIVERSELLE.

## COMMISSION DÉPARTEMENTALE.

# RAPPORTS

ADRESSÉS

A M. LE PRÉFET DE SEINE-ET-MARNE,

SUR

LES INSTRUMENTS, MACHINES ET PRODUITS AGRICOLES

DE L'EXPOSITION UNIVERSELLE.

MELUN,

H. MICHELIN, IMPRIMEUR DE LA PRÉFECTURE.

1856.

# EXPOSITION UNIVERSELLE.

## COMMISSION DÉPARTEMENTALE.

# RAPPORTS

ADRESSÉS

## A M. LE PRÉFET DE SEINE-ET-MARNE,

SUR

### LES INSTRUMENTS, MACHINES ET PRODUITS AGRICOLES

DE L'EXPOSITION UNIVERSELLE.

MELUN,

H. MICHELIN, IMPRIMEUR DE LA PRÉFECTURE.

—

1856.

MONSIEUR LE PRÉFET,

En instituant la Commission dont vous m'avez confié la présidence, vous avez voulu faire profiter, d'une manière toute spéciale, l'agriculture de notre département des précieux enseignements que présente l'Exposition universelle.

Pour vous rendre compte des résultats de notre mission, je viens placer sous vos yeux les rapports des deux sections entre lesquelles se sont partagés nos travaux.

Appelés à continuer les mêmes études au concours universel d'animaux, d'instruments et de produits agricoles, et vivement touchés de ce nouveau témoignage de votre confiance, Monsieur le Préfet, nous redoublerons d'efforts pour le justifier par un examen consciencieux et approfondi des questions qui restent encore à résoudre.

Veuillez agréer, Monsieur le Préfet, l'assurance de ma haute considération.

DROUYN DE LHUYS.

Amblainvilliers, 16 mai 1856.

*A Monsieur le Préfet de Seine-et-Marne.*

## LISTE DE MM. LES MEMBRES DE LA COMMISSION.

*Président d'honneur.*

M. A. DE BOURGOING O ✵, préfet du département.

*Président.*

M. DROUYN DE LHUYS G ✵, président du Comice agricole des arrondissements de Melun et Fontainebleau, premier vice-président de la Société d'agriculture de Melun, à Amblainvilliers, par Antony (Seine-et-Oise).

*Vice-Présidents.*

M. le comte DE COURCY ✵, membre du Conseil général, président du Comice agricole et vice-président de la Chambre d'agriculture de l'arrondissement de Coulommiers, à Nesles.

M. VIELLOT ✵, membre du Conseil général, président du tribunal civil de Meaux, du Comice agricole et de la Société d'agriculture de l'arrondissement de Meaux, à Meaux.

M. Marc DE HAUT ✵, propriétaire, président du Comice et de la Société d'agriculture de l'arrondissement de Provins, à Sigy.

*Secrétaire.*

M. JOYEUX, chef de division à la préfecture, ayant l'agriculture dans ses attributions.

---

### 1re Section.

### MACHINES AGRICOLES ET INSTRUMENTS ARATOIRES.

*Président.*

M. Marc DE HAUT ✵.

*Secrétaire.*

M. LAFFILEY, secrétaire du Comice agricole de Melun, à Coubert.

*Membres.*

MM.

**Baulny** (le vicomte **de**), membre de la Société d'agriculture de Meaux, propriétaire à Villeroy.

**Beauverger** (**de**), député, à Chevry-Cossigny.

**Buignet** ✻, membre de la Société d'agriculture de Meaux, cultivateur à Chelles.

**Burgraff** (Oscar **de**), propriétaire à La Grande-Loge, commune de Crécy.

**Camus**, membre de la Société d'agriculture de Coulommiers, cultivateur à Ormeaux, par Rozoy-en-Brie.

**Chalambel**, membre de la Société d'agriculture de Provins, propriétaire-cultivateur à Jouy-l'Abbaye, commune de Chenoise.

**Chertemps**, cultivateur à Rouvray, commune de Mormant.

**Cretté**, secrétaire de la Chambre d'agriculture de l'arrondissement de Fontainebleau, cultivateur à Esmans.

**Dajot** ✻, ingénieur en chef, à Melun.

**Falcou**, membre du Conseil général, vice-président du Comice de Melun, propriétaire à Ury.

**Gareau** ✻, député, membre du Conseil général, de la Société impériale d'agriculture et du Comice agricole de Melun, secrétaire de la Chambre d'agriculture de Melun, propriétaire à Bréau.

**Guérard**, vice-président de la Chambre d'agriculture de Provins, ancien cultivateur, à Provins.

**Guibert**, vice-président de la Chambre d'agriculture de Meaux, cultivateur à Juilly.

**Jacotin**, secrétaire de la Société d'agriculture de Coulommiers, géomètre à Rozoy.

**Juy**, membre de la Société d'agriculture de Rozoy, cultivateur à Richebourg, commune de Nesles.

**Leblanc** (Léon), membre de la Société d'agriculture de Provins, propriétaire à Montmartre.

**Lyonne** (le comte **de**) O ✻, ancien capitaine d'artillerie, propriétaire à Saint-Fargeau.

**Maussion** (Ludovic **de**), propriétaire à Coulommiers.

**Petit** (Léon), secrétaire de la Chambre d'agriculture de Meaux, cultivateur à Meaux.

## 2ᵉ Section.

## PRODUITS AGRICOLES ET OBJETS DIVERS.

### Président.

M. VIELLOT ✽.

### Secrétaire.

M. CARRO, secrétaire de la Société d'agriculture de Meaux, imprimeur à Meaux.

### Membres.

#### MM.

BÉGIS, cultivateur à Villegruis.

BOUTARD, ancien vice-président de la Chambre d'agriculture de Fontainebleau, régisseur à La Celle-sous-Moret.

COLOMBEL (DE), propriétaire à Annet.

DARBLAY aîné O ✽, ancien député, agriculteur à Noyen.

DECANTE, cultivateur à Courpalay.

DE MAS ✽, vice-président de la Chambre d'agriculture de Melun, propriétaire à Dammarie-les-Lys.

DEVERT, cultivateur à Provins.

FOURNIER, maire de Meaux, cultivateur à Rutel.

GAUTIER, secrétaire du Comice de Provins.

JOSSEAU ✽, avocat, secrétaire de la Chambre d'agriculture de Coulommiers.

LEFÈVRE, cultivateur aux Aulnois, commune de Saints.

LE PELLETIER DE GLATIGNY, propriétaire à Annet.

LONGPERRIER (Henri DE), vice-président de la Société d'agriculture de Meaux, propriétaire à Meaux.

MUN (le marquis DE), vice-président de la Société d'agriculture de Coulommiers, propriétaire à Lumigny.

MICHAUD fils, membre de la Société d'agriculture de Provins, propriétaire à Provins.

MICHELIN ✽, vice-président de la Société d'agriculture de Provins, docteur-médecin à Provins.

MM.

POCHET, vice-président de la Société d'agriculture de Coulommiers, propriétaire à Rozoy.

PRÉVOST ✻, secrétaire de la Société d'agriculture de Melun, à Melun.

TEYSSIER-DESFARGES, membre de la Chambre d'agriculture de Provins, propriétaire à Pécy.

VALMER (le vicomte DE) ✻, président de la Société d'horticulture de Melun et Fontainebleau, propriétaire à Fontaine-le-Port.

—

*Membre honoraire.*

M. BARRAL ✻, professeur de chimie, directeur du *Journal d'agriculture pratique*, rue Notre-Dame-des-Champs, 82, à Paris.

# EXPOSITION UNIVERSELLE.

## COMMISSION DÉPARTEMENTALE.

# RAPPORT

ADRESSÉ

## A M. LE PRÉFET DE SEINE-ET-MARNE,

### SUR LES INSTRUMENTS ET LES MACHINES AGRICOLES DE L'EXPOSITION UNIVERSELLE.

MONSIEUR LE PRÉFET,

Par votre arrêté en date du 5 juillet dernier, vous avez institué une Commission chargée d'examiner, au point de vue des intérêts agricoles du département de Seine-et-Marne, l'Exposition universelle des produits de l'industrie. Vous avez pensé, avec juste raison, qu'au milieu de cette immense multiplicité d'objets, d'un mérite si divers, d'une application si variée, le mieux pour telle ou telle contrée n'était peut-être pas le mieux absolu, et qu'en dehors des appréciations générales il restait peut-être quelque chose à faire pour une appréciation restreinte et presque locale. Le travail auquel vous avez convié les membres de la Commission avait besoin d'être réduit à ces proportions modestes pour ne pas nous effrayer par son étendue et son audace. Nous avons d'ailleurs pensé que, tout en conservant l'indé-

1

pendance de notre jugement et la spécialité de notre point de vue, la prudence nous conseillait de chercher toujours à nous éclairer des lumières et à profiter des expériences du jury international.

Vous aviez, Monsieur le Préfet, divisé la Commission en deux sections, l'une dite des instruments aratoires et machines agricoles, l'autre dite des produits divers; chacune d'elles devait vous présenter un rapport séparé. C'est au nom de la première section, celle des instruments et machines, que je viens remplir cette mission.

L'utilité et l'opportunité de l'application des machines aux travaux agricoles est une question depuis longtemps agitée et résolue sur plus d'un point; toutefois, l'apparition sérieuse des machines à moissonner semble avoir ravivé la discussion, et peut-être n'est-il pas hors de propos de la résumer ici.

Chaque fois qu'une invention nouvelle a produit dans le monde un agent mécanique susceptible d'accomplir sérieusement et sur une grande échelle un travail obtenu auparavant par l'action directe de l'homme, on a vu une même préoccupation s'emparer d'un grand nombre d'esprits : celle de voir diminuer avec la masse de travail la masse des salaires, et avec les salaires la possibilité de vivre pour le pauvre et l'ouvrier. Chez d'autres esprits, au contraire, le spectacle de ces inventions nouvelles se succédant rapidement font rêver un avenir où les forces de la nature, subjuguée et dirigée par l'intelligence humaine, accompliront seules toutes les fonctions pénibles du travail, tandis que l'homme, dans un repos superbe, jouira de tout, sans rien payer par ses sueurs. Nous ne partageons ni ces terreurs ni cet orgueil.

Le travail est la loi éternelle de l'humanité; elle ne s'y soustraira jamais. Mais les formes du travail sont infinies; le champ ouvert à l'activité humaine est sans bornes. Que de

choses connues qui pourraient se faire ne se font pas parce
que les bras manquent! Que de perfectionnements encore
inconnus s'accompliront le jour où des intelligences et des
bras disponibles permettront d'y penser et d'y vaquer!
L'histoire tout entière de l'homme, de ses besoins, de ses
arts, de son industrie est là pour le prouver. Le jour où dix
hommes occupés péniblement à retourner un champ avec
des instruments imparfaits, laissèrent cette œuvre à accomplir à un seul d'entre eux conduisant le manche d'une
charrue, et jetèrent leur pioche pour courir à d'autres soins
et à d'autres arts, ce jour-là un immense cri de reconnais-
sance, répété de siècle en siècle, consacra le nom de l'inventeur de la charrue. Après cet exemple mémorable et
frappant on en pourrait citer beaucoup d'autres.

La simplification du travail des champs est d'ailleurs une
condition nécessaire à la naissance et à la prospérité de toutes
les autres industries. La vie est le premier besoin de l'homme;
l'agriculture qui lui en assure les éléments est donc de
toutes ces industries la plus nécessaire, celle qui retient le
plus impérieusement les bras actifs, et, en même temps,
celle qui en exige le plus. Si chaque homme devait produire
lui-même ses propres aliments, et ne produire que les siens,
l'humanité aurait été condamnée à une éternelle enfance.
L'industrie, les arts, les sciences ne sont nés que le jour où
le travail perfectionné d'un seul homme ou de quelques
hommes, assurant la vie matérielle d'un plus grand nombre,
leur a donné d'un même coup, avec le loisir et la garantie de
la vie, la disposition de leurs bras et la disposition de leur
intelligence.

Cet immense résultat doit aller toujours en se dévelop-
pant. Si aujourd'hui le travail d'un homme en nourrit dix, et
si pour ce bienfait l'agriculture est dix fois bénie, faites que
le travail de ce même homme parvienne à en nourrir vingt,

les forces vives de toutes les autres fonctions sociales auront été doublées et l'agriculture sera vingt fois bénie. Et d'ailleurs ces enfants qu'elle émancipe ne sont pas perdus pour elle. Sont-ce des bras perdus pour l'agriculture que ceux de l'ouvrier qui lui construit des chemins et du cantonnier qui les entretient? Sont-ce des bras perdus pour l'agriculture que ceux qui tissent le lin et le chanvre qu'elle a produits et la laine des animaux qu'elle a nourris? Sont-ce des bras perdus pour l'agriculture que ceux qui fondent et qui forgent le fer de ses charrues, qui construisent ses fermes ou fabriquent des tuyaux pour ses drainages? Sont-ce toujours des bras perdus pour l'agriculture que ceux du soldat qui défend le sol de la patrie, ou du marin qui exporte ses produits au delà des mers et lui rapporte des extrémités du monde des engrais précieux? Non, dans toutes ces industries à qui l'agriculture perfectionnée a permis de naître et qu'elle nourrit tous les jours, l'agriculture à son tour retrouve son compte.

Mais cette simplification du travail agricole par les machines importe en même temps à l'agriculture elle-même. Elle est, disions-nous, de toutes les industries celle qui exige encore le plus de bras et les réclame le plus impérieusement, et pourtant de toutes parts la demande du travail est telle, la concurrence des industries est si active, que partout dans nos campagnes vous n'entendez qu'un cri : les bras manquent aux champs. Demandez à ce cultivateur pourquoi tel travail urgent d'assainissement ou d'amendement est suspendu, pourquoi telle terre a manqué d'une façon donnée en temps utile, pourquoi telle pièce de blé n'a pas été échardonnée, pourquoi ces racines n'ont pas reçu leur dernier binage, pourquoi ces herbes malfaisantes, la peste de la terre, n'ont pas été enlevées derrière la charrue et la herse? C'est que les bras ont manqué; les forces étaient ailleurs, tout le monde fauchait, fanait ou moissonnait; il ne restait plus personne pour les autres ouvrages. Et ces fourrages eux-mêmes, pourquoi si souvent perdus; ces moissons si précieuses, pourquoi n'ont-elles pu trop souvent être coupées et rentrées pendant ces beaux jours dont nos étés semblent devenir si avares? C'est que les bras manquaient; les Belges n'étaient pas encore arrivés. Une machine sera toujours à vos ordres, et votre charretier la conduira.

Mais le travail ne manquera-t-il donc jamais, ne devra-t-on pas un jour s'arrêter dans cette voie que nous traçons? Nous pouvons répondre hardiment que ce jour n'est pas encore venu, et qu'en consultant toute l'histoire du passé nous ne le prévoyons pas dans un avenir même éloigné. L'expérience est là pour nous dire qu'en remplacement d'un travail simplifié il s'en est toujours offert plusieurs autres. De toutes les routes ouvertes à l'activité humaine combien y en a-t-il qu'on ait vues se fermer? Ne voyons-nous pas, au contraire, s'en ouvrir de nouvelles tous les jours? Sans doute, il y a eu des heures où le travail a manqué, et ces heures ont laissé de tristes souvenirs; mais, disons-le la main sur la conscience, ce ne fut pas le crime des machines inoffensives, ce fut le fruit amer des agitations politiques. Sans doute, il y a eu parfois des machines brisées aux applaudissements d'une foule aveugle; mais je ne sache pas qu'en aucun temps, en aucun lieu, on ait vu ces bandes incendiaires, après avoir un matin saccagé des ateliers et des machines, reprendre le soir le travail manuel de leurs aïeux. Non, à côté d'une machine brisée on en a établi deux autres.

C'est qu'en effet l'effort pour arrêter une invention qui a pris pied dans le monde serait inutile; il se trouve toujours un homme ou un peuple pour profiter de l'économie qu'elle procure et de la richesse qu'elle enfante. Ceux qui se sont laissé devancer finissent tôt ou tard par suivre la voie, et il ne leur reste que le regret d'y être entrés les derniers.

Nous terminerons ces observations générales par une ré-flexion qui nous semble de nature à faire impression sur les esprits sérieux. Ces inventions merveilleuses, qui changent les conditions extérieures de l'existence humaine et font que de siècle en siècle le genre humain se ressemble si peu à lui-même, ne peuvent être le simple effet du hasard, et il est impossible, pour peu qu'on croie au gouvernement de la Providence, de ne pas voir ici la trace de sa main. De si grandes choses ne se font pas sans elle. Il est donc permis, tout en traitant humainement et matériellement ces questions matérielles, de s'élever un instant à des vues plus hautes, et de croire fermement que l'on marche dans la voie légitime du progrès.

C'est sous l'empire de ces pensées que la Commission a abordé l'examen des instruments aratoires et des machines agricoles exposés en si grand nombre dans les annexes du Palais de l'Industrie. Pour faciliter son travail elle s'est divisée en cinq sous-sections, chargées chacune d'examiner une certaine catégorie de machines : 1° les instruments destinés à préparer la terre : charrues, herses, rouleaux, etc. ; 2° les instruments destinés à confier la semence à la terre : semoirs, plantoirs de toute espèce ; 3° les instruments et machines propres à récolter : moissonneuses, faucheuses, faneuses ; 4° les machines propres à traiter les récoltes avant de les livrer à la consommation : comme machines à battre, tarares, trieurs, etc. ; 5° enfin les machines diverses.

Le travail de chacune de ces sous-sections a été recueilli par un rapporteur dans des notes dont la réunion a servi de base au présent rapport. Nous nous faisons un devoir de citer ici les noms de ces utiles collaborateurs, savoir :

MM. DE BEAUVERGER,
le comte de LYONNE,

MM. Oscar DE BURGRAFF,
CHÁLAMBEL,
et LAFFILEY, secrétaire de la section.

Nous avons aussi, pour tous les chiffres résultant des expériences, recouru au rapport du jury international, et il n'est
pas nécessaire de dire que le remarquable travail de M. Barral nous a été de la plus grande utilité.

—

## CHARRUES.

Le nombre des charrues déposées dans les galeries et les
cours du Palais de l'Industrie dépasse assurément celui d'aucun autre instrument, et on reconnaissait facilement, à cette
abondance prodigieuse, l'engin le plus précieux de l'agriculture, le premier outil du premier des arts. Pour mettre quelque ordre dans le compte-rendu de la longue revue que la
Commission a dû en faire, nous parlerons successivement
des instruments envoyés par chacune des principales nations
dont les produits figuraient à l'Exposition.

### ANGLETERRE.

Trois charrues anglaises ont surtout attiré l'attention :

1º Celle de Howard,
2º Celle de Ransomes et Sims,
3º Celle de Ball.

Ces charrues ont été signalées en première ligne lors des
expériences faites à Trappes par le jury international, mais
elles étaient alors surtout examinées au point de vue de la
facilité du tirage, et le rang de priorité était assigné à l'aide
du dynamomètre. Mais cette considération ne nous a point

paru devoir être exclusive, ni même tenir le premier rang. Il faut tenir compte de la nature des terres de notre département, non encore séculairement amendées et ameublies comme celles de l'Angleterre; du poids considérable de l'instrument, inconvénient qui frappe d'autant plus que la charrue serait appelée à fonctionner dans une terre à courts réages; du prix de revient, surtout dans un département où la petite culture embrasse près de la moitié des terres. Or, en pesant toutes ces considérations, les charrues anglaises ne nous semblent pas celles qui devraient être signalées de préférence à l'attention de nos agriculteurs. Toutefois, pour ceux d'entre eux dont les exploitations dès longtemps améliorées permettraient l'emploi de ces instruments, la charrue de Ransomes et Sims, portant au catalogue le numéro 70, nous semblerait devoir être préférée. En voici la description succincte : Age double en fer, deux roues à tiges mobiles, régulateur vertical à crémaillère, longueur du versoir de la pointe du soc à l'extrémité supérieure de l'aile, 1$^m$,40; largeur du versoir de la muraille à la projection de l'extrémité supérieure de l'aile, 0$^m$,42; hauteur verticale du versoir, 0$^m$,31 ; poids : avant-train, 21$^k$; arrière-train, 101$^k$; prix, 117 fr. (*Figures* 1, 2 et 3, *voir* à la fin).

Les observations qui précèdent s'appliquent également aux charrues du Canada, dont nous ne parlerons pas avec plus de détail. (*Figure* 4, *voir* à la fin).

BELGIQUE.

Les charrues les plus remarquées de l'exposition belge sont :

1° Celle de Berckmans;
2° Celle de Odeurs;
3° Celle de Romedenne;

4° Celle de Tixhon ;

5° Celle de Van Maële.

Ces charrues offrent sur celles d'Angleterre deux grands avantages relativement au poids et au prix.

Le poids de leur arrière-train n'est, en général, que la moitié de celui indiqué plus haut pour la charrue de Ransomes et Sims, savoir : de 50 à 60$^k$. Il conviendrait toutefois d'y ajouter le poids d'un avant-train, soit environ 20 à 25$^k$, dans le cas où l'on ne voudrait pas laisser ces charrues à leur système, qui est celui de l'araire.

S'il fallait faire un choix entre ces cinq charrues, nous indiquerions de préférence celle de Berckmans, portant au catalogue le n° 50. Description : age et mancheron en bois, levier encastré dans l'age agissant sur le sabot qui est en fer, régulateur de la houe à cheval de Dombasle, versoir à gauche ; petit soc accessoire adapté en avant de l'oreille et destiné à enlever l'herbe ou le fumier qui se trouve à la superficie et à les jeter à l'endroit où la terre de la raie suivante viendra les recouvrir. (Amélioration très-utile déjà pratiquée dans plusieurs fermes du département.) Longueur du versoir, 0$^m$,90 ; largeur, 0$^m$,36 ; hauteur, 0$^m$,40 ; poids, 55$^k$,50.

La charrue de Van Maële présente dans sa construction deux leviers en fer placés sous la main même du charretier, l'un agissant pour augmenter la profondeur du labour, l'autre agissant sur le régulateur pour modifier la largeur du sillon, modification heureuse qui évite au charretier tout déplacement, et dès-lors économise beaucoup de temps. (*Figure* 5, *voir* à la fin).

### AUTRICHE, PRUSSE, ALLEMAGNE.

En réunissant l'exposition de l'empire d'Autriche, du royaume de Prusse et des autres états de l'Allemagne, nous signalerons six charrues :

1° Celle du conseiller Kleyle, construite par Borrosch et Jasper, de Prague ;

2° Celle de l'institut agronomique de Hohenheim, près Stuttgard (Wurtemberg) ;

3° Celle de Meszaros ;

4° Celle de Thaër. (*Figure* 6, *voir* à la fin) ;

5° Celle de Maurer ;

6° Celle de Kern, à Wiesbaden (Nassau).

Ces charrues sont en général d'une construction qui se rapproche des modèles français ; plusieurs reproduisent en partie le système Dombasle, et elles pourraient facilement être appliquées dans nos terres. Le prix d'ailleurs n'en est pas très-élevé. L'attention de la Commission a été plus particulièrement frappée par la charrue de l'institut agronomique de Hohenheim, dont le prix descend jusqu'à 30 francs. Cet instrument réunit dans sa construction la plupart des conditions requises pour la bonne culture de nos terres fortes de Brie. Description : longueur du versoir, $1^m,03$ ; largeur, $0^m,40$ ; hauteur, $0^m,32$ ; poids, $59^k$. (*Figure 7, voir* à la fin).

La charrue de M. Kern a figuré avec succès aux expériences de Trappes, et la Commission a pu elle-même apprécier son excellent travail ; c'est une charrue tourne-oreille à avant-train ; l'age est passé dans un anneau placé sur la sellette que l'on élève ou abaisse à volonté ; sep et étançons en bois ; un levier simple déplace le versoir, soit à droite, soit à gauche ; poids, $68^k$ ; hauteur du versoir, $0^m,35$ ; largeur, $0^m,29$. Nous ne parlons pas de la longueur, attendu que sa forme particulière, représentant la figure d'une pelle, ne peut être comparée à nos versoirs ordinaires.

ITALIE.

Deux charrues :

1° Celle de M. l'abbé Lambruschini (Toscane);
2° Celle de M. Ridolfi (Florence).

Ces charrues sont la mise en œuvre la plus remarquable faite jusqu'à ce jour de la théorie nouvelle qui tend à appliquer à la construction du versoir la forme de l'hélice, pour arriver à tordre la tranche de terre soulevée par le soc avec le moins de dépense de force possible.

La première s'appliquerait de préférence aux terres légères, la seconde aux terres fortes; la différence consistant dans la courbure plus ou moins développée du versoir. (*Figure 8, voir* à la fin).

FRANCE.

Dans le nombre immense de charrues envoyées de tous les points de la France à l'Exposition universelle, la Commission ne croit devoir s'arrêter qu'à celles qui lui ont paru d'une application directe à la nature des terres de notre département, et surtout aux perfectionnements apportés aux instruments déjà connus et maniés par nos cultivateurs.

1° Charrue de Grignon,
2° Charrue Hamoir,
3° Charrue Pluchet,
4° Charrue de Mettray,
5° Charrue de Gaillon,
6° Charrue Parquin,
7° Charrue Bonnet.

Nous signalons la première, la charrue de Grignon, qui, par son succès aux expériences de Trappes, a valu à l'agriculture française la palme de ce grand concours. Description :

age et mancherons en bois, versoir et étançon antérieur d'une seule pièce, régulateur vertical simple, longueur du versoir, 0$^m$75; largeur, 0$^m$36; hauteur, 0$^m$32; poids, 50$^k$; prix, 45 fr. Il convient cependant d'observer que cette charrue, qui n'est qu'un araire, aurait besoin, dans la plupart de nos terres fortes de Brie, d'être placée sur un avant-train tel, par exemple, que l'avant-train Pluchet. (*Figure* 9, *voir* à la fin.)

La charrue tourne-oreille de M. Gustave Hamoir, de Saultain, près Valenciennes, (dite *harna*), offrirait de grands avantages dans nos terres déjà drainées et cultivées en planches et d'une nature fortement argileuse, dans lesquelles on a déjà fait d'heureux essais. Description : soc pointu, pouvant atteindre une profondeur de 0$^m$30$^c$ au moins; versoir mobile, s'enlevant de droite pour être porté à gauche et réciproquement à la fin de chaque sillon; age s'élevant et s'abaissant à volonté sur l'avant-train; mancheron unique servant de sep; longueur du versoir, 1$^m$20; largeur, 0$^m$35; hauteur, 0$^m$60; poids, 103$^k$. (*Fig.* 10, *v.* à la fin.)

M. Pluchet n'avait pas envoyé sa charrue à l'Exposition universelle; le jury international, lors des expériences de Trappes, a convoqué d'office la charrue de M. Pluchet au concours, et elle y a dignement soutenu la réputation qu'elle avait depuis longtemps acquise dans nos comices. Il nous a semblé inutile de produire ici sa description généralement connue de nos agriculteurs.

La charrue du pénitencier de Gaillon (Eure), surtout remarquable par sa légèreté et sa solidité, emprunte en grande partie le système Dombasle.

La charrue de Mettray est un araire de Dombasle construit dans d'excellentes conditions de bon marché et de solidité.

La charrue de M. Parquin, qui commençait déjà à jouir

d'une certaine réputation dans les arrondissements de Meaux et de Coulommiers, a réuni un grand nombre de suffrages dans les expériences de Trappes. Nous signalerons toutefois que l'avant-train en a paru trop compliqué et que l'étrempe n'en est pas facile. Le versoir, qui est celui de Dombasle perfectionné par M. Moll, serait mieux en fer qu'en bois. Ces inconvénients, du reste, pourront être facilement combattus par l'inventeur qui voudra mériter complétement la faveur qui a accueilli ses premiers essais. (*Figure* 11, *voir à la fin.*)

La charrue Bonnet présente le double avantage d'un travail de défoncement profond avec un tirage remarquablement faible. La Commission a pensé qu'au moment où la culture des racines prend dans notre département un si rapide développement, cet instrument de culture devait être signalé aux agriculteurs progressifs. Description : age et mancheron en bois, régulateur Dombasle; longueur du versoir, 1m08; largeur, 0m40; hauteur, 0m60; poids, 79k.

Nous ajouterons aux charrues ci-dessus mentionnées celle si ingénieuse de M. Armelin, de Draguignan, dont nous empruntons au savant rapport de M. Barral la description suivante :

« M. Armelin s'est proposé de remédier à l'inconvénient « de la rapide usure de la pointe du soc dans les terrains « pierreux et siliceux, inconvénient qui entraîne d'assez « fortes dépenses en nécessitant le changement fréquent du « soc, mis très-rapidement hors de service; il a donc em- « ployé une pointe mobile consistant en une barre de fer « taillée en bec de flûte à l'une de ses extrémités, en avant « du soc, et prenant de l'autre côté son appui au-dessus « du talon du sep. Il suffit de pousser la pointe en avant « lorsqu'elle s'use. Cette charrue, dont le versoir et le régu- « lateur sont ceux de la charrue Dombasle, est d'ailleurs

« bien établie et économiquement construite. » (*Figure* 12, *voir* à la fin.)

Avant de terminer la description des charrues, nous dirons un mot de quelques-uns de ces instruments ayant des destinations plus spéciales, comme les charrues fouilleuses et les charrues à déchaumer. Parmi les premières nous signalerons :

1° Celle de Grignon, imitée des sous-sol d'Écosse et d'Angleterre, et déjà connue dans nos concours, et même modifiée avec bonheur par quelques-uns de nos cultivateurs de Seine-et-Marne;

2° Celle de M. Bazin, du Mesnil-Saint-Firmin (Oise), remarquable par son bas prix et sa solidité. Elle pourrait être avantageusement employée dans notre département;

3° La défonceuse Guibal qui, dans quelques cas exceptionnels, pourrait rendre de grands services. (*Figures* 13 et 14, *voir* à la fin.)

Parmi les charrues à déchaumer, l'attention s'est plus spécialement portée sur celle de MM. Ransomes et Sims et sur le trisoc de M. Bentall; cette dernière surtout mérite tous nos éloges.

Description : ses trois pieds, d'une très-grande force, sont armés de lames ratissoires qui coupent le chaume dans les terrains les plus durs, et, au besoin, de socs qui permettent de s'en servir pour les labours profonds. Cet instrument est porté sur trois roues; la roue de l'age est placée sur le côté droit, près du régulateur; le poids est de 255$^k$. (*Fig.* 15, *voir* à la fin).

## HERSES, ROULEAUX, HOUES A CHEVAL.

Nous avons peu de choses à dire sur les herses et les rouleaux qui n'ont rien offert de précisément nouveau.

A l'égard des herses, nous nous bornerons à recommander l'application des herses parallélogromiques popularisées par M. de Valcourt. (*Figure* 16, *voir* à la fin.)

Les herses roulantes, dites Norwégiennes, ont seules quelque intérêt de nouveauté; elles consistent dans trois essieux parallèles dans lesquels sont enfilés un certain nombre d'anneaux garnis de pointes de fer de $0^m15$ environ. Chacun de ces anneaux étant solide à l'essieu, celui-ci constitue comme un long hérisson. Ces trois hérissons ainsi faits sont montés sur un châssis en bois à une distance assez rapprochée pour que les dents de chacun d'eux puissent s'entrecroiser lorsque le cadre qui les porte est mis en mouvement. Cet instrument, fort puissant et fort utile, peut être monté sur trois roues, et c'est ainsi que le pratiquent les Anglais; mais cette modification en augmente le prix considérablement. (*Figure* 17, *voir* à la fin.)

Quant au rouleau, rien n'a égalé celui de M. Crosskill, qui consiste, comme on sait, dans un certain nombre de disques en fonte armés de dents à leur circonférence et enfilés sur un même essieu, mais sans aucune solidarité entre eux. Ces disques n'ont pas tous le même diamètre, mais deux diamètres différents de 10 centimètres environ, et sont placés alternativement. Cette circonstance et surtout l'excentricité grâce à laquelle ils pourront s'élever ou s'abaisser indépendamment les uns des autres, leur permettent de suivre toutes les inégalités du terrain et d'atteindre partout les mottes pour les briser. Le cadre garni de brancards repose sur des roues destinées à en faciliter le transport. Cette disposition est rendue nécessaire par le poids du rouleau. Celui que nous avons vu fonctionner pesait 1,000$^k$; le prix était de 400 fr. (*Figure* 18, *voir* à la fin.)

Ce puissant instrument a été importé dans notre département par M. Decauville, et on ne peut que recommander à nos agriculteurs d'imiter cet exemple.

Avant de quitter les instruments destinés à traiter la terre, il reste à faire mention des extirpateurs et scarificateurs, houes à cheval, etc. Parmi ces instruments, on remarquait surtout les nombreuses variétés de la famille très-connue des herses *Bataille*, aujourd'hui assez répandues dans notre département, où elles ont pris naissance et d'où elles se sont propagées jusqu'en Angleterre, pour nous éviter toute description.

Les houes à cheval figuraient au nombre de trente-deux à l'Exposition et provenaient de onze pays différents. On sait que ces instruments ont pour but le sarclage, et qu'ils ne peuvent être employés que dans des champs où les semences ont été disposées en lignes régulières à l'aide du semoir. Le nombre relativement considérable des houes à cheval exposées était donc une preuve du développement que prennent chaque jour davantage les cultures perfectionnées, et c'est un fait que tous les amis de l'agriculture se sont plu à constater. On sait que notre département de Seine-et-Marne est un de ceux qui marchent le plus résolûment dans cette voie; on ne saurait donc trop appeler l'attention de nos cultivateurs sur les utiles instruments qui nous occupent en ce moment.

On a beaucoup parlé de la houe à cheval de MM. Garrett. Cet instrument peut être fort ingénieux et réunir des mécanismes d'une merveilleuse précision, mais nous lui ferons deux objections capitales : il coûte de 400 à 600 fr.; l'habileté consommée chez l'ouvrier qui le conduit est si nécessaire, qu'un faux mouvement de sa part peut détruire 6 ou 12 lignes de plantes. Nous aimons mieux recommander la houe à cheval de M. Gustave Hamoir. Elle peut sarcler par jour, comme celle de M. Garrett, 4 à 5 hectares, parce que, comme elle, elle embrasse plusieurs lignes, mais elle ne coûte que 150 fr.; un charretier ordinaire peut la conduire, un artisan d'habileté commune peut la réparer.

Parmi les houes ne sarclant qu'une ligne à chaque tour, nous signalerons celle de l'institut agronomique de Hohenheim, dont le prix s'abaisse jusqu'à 35 fr., et celle de M. Bodin, de Rennes. (*Figure* 19, *voir* à la fin.)

En ce qui concerne les buttoirs, où l'on a plus particulièrement remarqué celui de Ransomes et Sims, et celui de Hohenheim, nous ferons la même remarque : l'instrument anglais coûte 157 fr., l'instrument allemand n'en coûte que 39 fr.

———

## SEMOIRS.

Des semoirs ont été exposés surtout par l'Angleterre, la Belgique et la France.

On sait que le but principal de ces instruments est :

1° L'économie dans la semence;

2° La disposition des plants en raie, ce qui doit permettre plus tard l'emploi de la houe à cheval pour l'application du sarclage;

3° La possibilité de poser près de chaque graine une quantité d'engrais pulvérulent, destiné à en activer la végétation. Les inconvénients à redouter sont la longueur de l'opération dans un moment où le temps est souvent si précieux, la dépense souvent très-considérable de l'instrument, les grandes complications du mécanisme qui peuvent en rendre l'usage difficile aux ouvriers de la campagne, enfin la nécessité de substituer le travail combiné de l'homme et

2

du cheval au travail de l'homme seul, dans un moment où toutes les forces en chevaux suffisent souvent à peine aux exigences du labourage.

C'est sous l'empire de ces réflexions que la Commission a examiné les instruments exposés et qu'elle a été amené à préférer les semoirs belges et français aux semoirs anglais. Ces derniers présentent, sans contestation, les mécanismes les plus ingénieux et se prêtent aux plus minutieuses exigences de l'ensemencement; mais leur prix s'élève à des chiffres qui dépassent la somme que nos agriculteurs peuvent sagement consacrer à cet objet. Un semoir anglais, par exemple ceux de Hornsby ou de Garrett, coûte de 1,200 à 1.500 fr.; si l'on ajoute à cela la multiplicité des rouages, la délicatesse des mécanismes, on ne s'étonnera pas que la Commission ait partagé les impressions de ceux qui s'effraient en pensant à quelles mains il faudrait confier le maniement journalier et les réparations trop fréquentes de pareils instruments. Toutefois, nous devons dire que les essais de ces instruments faits à Trappes ont satisfait la Commission du jury international.

Ceci s'adresse aux plus hardis et aux plus entreprenants de nos agriculteurs. Il en faut, nous en avons, et leur résolution a été souvent heureuse; mais le travail de la Commission étant destiné au plus grand nombre des cultivateurs, elle n'ose leur conseiller l'emploi de ces instruments.

C'est particulièrement en Belgique et en France que la Commission a rencontré des semoirs plus simples et plus faciles dont elle croit pouvoir provoquer l'application. Tels sont ceux de MM. Claës, de Lembeck (Brabant), Gustave Hamoir, et de la Société de Haine-Saint-Pierre (Hainault), dans lesquels la semence est projetée par des palettes à travers des ouvertures pratiquées à l'arrière de la caisse. Trois leviers, placés à la portée du conducteur, permettent,

le premier, d'embrayer ou de débrayer avec facilité; le second, de régler le débit de la semence en changeant les
dimensions des ouvertures; le troisième, de faire dévier le
semoir à droite ou à gauche pour maintenir le parallélisme
des lignes altéré par le mouvement des chevaux. Le prix de
ces semoirs ne s'élève pas au-dessus de 200 à 300 fr. Le
seul reproche à leur adresser serait de ne distribuer que la
graine et non l'engrais.

Le semoir de Grignon échappe à cette critique; il se
compose de deux trémies, destinées l'une à la semence et
l'autre à l'engrais; il réunit du reste, même avec d'heureuses
modifications, tous les avantages des semoirs belges.

Nous signalerons, dans le semoir de M. Jacquet-Robillard,
son régulateur de la semence, d'un jeu facile et sûr.

En appelant l'attention des agriculteurs de Seine-et-Marne
sur les semoirs exposés, il est juste de dire en même temps
qu'ils peuvent trouver parmi eux un instrument de ce genre
plus perfectionné et plus pratique encore, et qui aurait figuré
avec distinction au grand jour de ce concours; nous voulons
parler du semoir de Roville, perfectionné par M. Decauville,
qui a su faire à nos cultures en billon une heureuse application des contre-poids usités en Angleterre. Il peut servir
indistinctement à la distribution de la graine ou de l'engrais,
s'employer pour le blé comme pour la betterave ou toute autre
graine; il trace sept rayons de blé à 0$^m$,20 de distance. Son
prix ne dépasse pas le chiffre de 350 francs. Plusieurs de
nos cultivateurs en ont déjà usé avec succès.

L'institut de Hohenheim a exposé un semoir à colza d'un
débit très-régulier et d'un prix très-modéré, 80 francs. Cet
instrument pourrait être utilisé dans notre département qui
produit chaque année une plus grande quantité de colza.

D'autres semoirs s'appliquent exclusivement à l'effusion du
plâtre et des engrais pulvérulents. Tel est celui de M. Allerup,

d'Odensée (Danemarck), d'une manœuvre rapide et com-
mode et d'un prix assez modique, 200 francs.

Il reste à dire quelques mots des semoirs à brouette et à
bras. Parmi les premiers, on remarque ceux de Grignon
(50 francs) et de Hohenheim (42 francs), inventé par Moehl,
qui remplissent l'un et l'autre toutes les conditions de simplicité dans leur construction, de bon travail et de bon marché. Parmi les seconds, le distributeur à main du baron de
Chestret de Haneffe, de Doncell (Liège) et le plantoir Le-
docte, à Ath (Hainault), qui distribuent la semence par po-
quets égaux, sont appelés à rendre de grands services dans
la petite culture comme dans la grande.

———

## MACHINES A RÉCOLTER.

Le grand événement de l'exposition agricole a été l'apparition des machines à moissonner et à faucher. Le jour où le
jury international convoqua le public aux expériences de
Trappes, pour voir à l'œuvre ces machines si peu comprises
au repos dans les galeries de l'Exposition, restera dans le souvenir de tous les spectateurs comme un jour solennel.

Autour de ces neuf machines préparées à l'entrée du champ
d'avoine qu'elles devaient moissonner, et livrées pendant plusieurs heures avant l'expérience comme des énigmes à la
curiosité avide du public, on voyait, on entendait, on sen-
tait s'agiter les impressions les plus diverses : la confiance
qui affirme, l'espérance qui aspire, l'impartialité qui observe
et étudie, la méfiance qui se réserve, la routine qui nie
d'avance, l'hostilité qui se contient, la colère qui gronde
sourdement. Gardons notre rôle d'observateurs impartiaux et
disons ce que nous avons vu.

Les machines qui figuraient à l'expérience peuvent être

partagées en deux classes : celles où l'attelage est placé derrière, de telle sorte que les chevaux poussent l'instrument
devant eux ; celles, au contraire, où le cheval fonctionne
dans sa position ordinaire en tirant un train sur lequel le
mécanisme se trouve disposé latéralement au cheval. Les
premières, par l'extrême difficulté de leur manœuvre ont
échoué dans le courant de la première expérience, ou se sont
retirées ensuite effrayées du peu de succès des machines de
ce système. Nous n'en parlerons donc pas davantage, puisque,
jusqu'à présent du moins, nos cultivateurs n'ont aucun profit
à en retirer. Les machines du second système, que l'on peut
appeler le système américain, ont toutes accompli leur tâche,
avec plus ou moins de vitesse et de perfection sans doute,
ainsi que nous allons l'examiner ; mais on peut dès à présent répéter le mot qui, après l'expérience, s'est trouvé dans
toutes les bouches : le problème est résolu, la machine à
moissonner est trouvée.

Il serait difficile de faire parfaitement comprendre par une
description écrite ces machines qui ont besoin, non-seulement d'être vues, mais d'être vues en mouvement ; cependant
nous essaierons d'en donner une idée générale. Le mouvement primitif est engendré et communiqué à la machine par
la roue même du chariot qui la porte et qui se meut par la
traction du cheval comme toute roue de voiture. A cette roue,
en effet, est adaptée concentriquement une autre roue dentée
qui s'engrène avec le pignon d'un arbre de couche. Or, une
fois cet arbre de couche tournant régulièrement, rien n'est
plus facile que d'en transmettre le mouvement par les moyens
ordinaires de correspondance aux divers organes de la machine.

Le principal de ces organes est la scie à laquelle un excentrique, adapté à l'arbre de couche, communique un mouvement
de va-et-vient très-rapide à travers des soutiens figurant eux-

mêmes une grande scie fixe. Cet appareil, ainsi disposé, attaque le blé carrément sur une largeur d'environ 1$^m$50, avec une force égale à la puissance de traction du cheval ou des chevaux dont la machine est attelée. Or, le blé, résistant d'une part par sa racine et de l'autre se trouvant empêché de se courber devant la machine, grâce à l'action d'un volant qui presse les tiges en sens contraire et les incline vers la scie, se trouve naturellement coupé et tombe sur la plate-forme de la machine qui s'avance incessamment. Enfin, le blé étendu sur la plate-forme est rassemblé en javelle par un râteau mu, soit par la main de l'homme, soit même par un mécanisme particulier, ainsi que nous l'expliquerons en parlant de chacune des machines séparément.

La machine travaille en tournant autour du champ à moissonner et termine son œuvre par le sillon du milieu, d'où il résulte qu'avant de la faire fonctionner il faut, à l'aide des moyens ordinaires, tracer un passage tout autour du champ. Cette première observation fait comprendre que ces instruments ne peuvent s'appliquer qu'à la grande culture. Il est inutile d'y penser dans les pays où le morcellement des terres est tel qu'en traçant la voie circulaire autour de la pièce on se trouverait avoir déjà moissonné une grande partie du champ, quelquefois même la totalité.

Reprenons le récit des expériences qui ont été faites à plusieurs fois.

Le jury avait fait disposer dans un même champ des espaces à peu près égaux pour le travail de chacune des machines. Dix se sont présentées, soit à toutes les épreuves, soit à quelques-unes d'entre elles. Sur ce nombre, six, par leur retraite à diverses phases du concours, ont reconnu leur infériorité; quatre seulement sont restées sérieusement en lutte, satisfaisant aux conditions générales du travail. Ce sont les machines de MM. Mac-Cormick, Manny, Wright et Cour-

nier : trois Américains et un Français. A côté de ces machines fonctionnait un atelier de moissonneurs et un atelier
de faucheurs.

Nous placerons ici une remarque qui n'a échappé à aucun
des observateurs sérieux : Le travail de l'homme avait été aussi
mis en comparaison avec d'autres machines, notamment avec
les machines à battre. Or, tandis que les batteurs, connais-
sant de longue main la supériorité des machines à battre,
travaillaient mollement et comme pour la forme, les moissonneurs et les faucheurs, luttant avec des concurrents nouveaux et jusqu'alors inconnus, encouragés aussi, il faut le
dire, par les sentiments et les voix d'une grande partie de
l'assistance, apportaient dans leur travail une vigueur merveilleuse et une ardeur peu commune.

Les notes prises par le jury, qui seul pouvait suivre les
détails de l'expérience, ont donné les résultats suivants, que
nous empruntons au rapport de M. Barral :

| NOMS des MACHINES. | SURFACES MOISSONNÉES. | MOTEURS. | RAPPORTS RELATIFS. Le travail de l'homme aidé de la femme étant représenté par 1. | PRIX des MACHINES. |
|---|---|---|---|---|
| MOISSONNEURS.. | 4 80 | 1 homme et 1 femme. . . . | 1 00 | |
| COURNIER..... | 37 90 | 1 cheval, 1 homme et 1 enfant. | 7 89 | 660 fr. |
| WRIGHT...... | 40 00 | 2 chevaux, 1 homme. . . . . | 8 33 | 860 |
| MANNY....... | 48 00 | 2 chevaux, 2 hommes. . . . . | 10 00 | 800 |
| MAC-CORMICK. | 60 00 | 2 chevaux, 2 hommes. . . . . | 12 50 | 750 |

Parlons maintenant de la nature du travail. Partout où les
machines ont fonctionné dans une récolte non couchée, le

travail a été excellent; mais lorsqu'elles ont rencontré des avoines ou des blés versés, la défectuosité du travail ou l'extrême complication de la manœuvre trahissait l'insuffisance de l'outil. Ainsi, lors de la première expérience, le lot à couper assigné par le sort à la machine Cournier contenait une grande quantité d'avoine versée; aussi vit-on la machine abandonner le travail circulaire, qui permet d'utiliser tout le temps, et obligée de revenir sans cesse à vide pour prendre toujours la pièce dans la même direction et attaquer le grain dans le sens opposé à celui suivant lequel il était couché, sans quoi la machine prenant l'avoine dans le sens de son inflexion glissait sur elle au lieu de la couper. On conçoit tout ce qui doit en résulter de perte de temps. Dans les autres lots, l'avoine n'était versée que par petites places, mais il était facile de les reconnaître en parcourant le champ après l'expérience; car là, évidemment, le travail était incomplet, et bien des tiges adhéraient encore à la terre. De nouveaux perfectionnements apportés à ces machines encore jeunes parviendront, il faut l'espérer, à surmonter cette difficulté; mais nous devons reconnaître qu'aujourd'hui elle reste encore à vaincre.

En ce qui concerne le fauchage, l'expérience a été moins complète et par conséquent moins décisive. Trois machines seulement, celles de Mac-Cormick, Manny et Wright, de Chicago (Etats-Unis), l'ont tenté dans des secondes coupes de luzerne n'ayant que quelques semaines de pousse seulement. La plaine de Trappes ne présentait pas d'autres fourrages qui pussent servir de matière à l'expérience, il a donc fallu se contenter de cet essai; mais on doit reconnaître que ce ne sont pas là des conditions normales de travail. La Commission pense donc, malgré le résultat obtenu à Trappes, qu'à l'égard du fauchage ses affirmations doivent être plus réservées qu'en ce qui concerne la récolte des céréales, et cela avec d'autant plus de raison que dans certains essais privés faits antérieurement chez M. le comte de Baulny, à Villeroy (arrondissement de Meaux), les résultats paraissent avoir été moins heureux. Il est vrai de dire que les machines avaient été mises alors aux prises avec un de ces trèfles épais et culbutés par le vent qui font souvent le désespoir de nos faucheurs.

Nous terminerons ce que nous avons à dire sur ces curieuses machines par quelques observations spéciales à chacune d'elles.

La machine de M. Cournier a remplacé la scie dont nous avons donné la description par un système de sécateurs dont l'emploi peut être très-économique, mais sur la bonté desquels l'expérience n'a pas encore suffisamment prononcé. Nous ne serions pas étonnés quand il faudrait trouver dans les conditions de travail de ce système la raison qui aurait engagé M. Cournier, après son succès dans la moisson des céréales, à ne pas affronter l'épreuve du fauchage. On a reproché à cette machine l'excessive rapidité de son volant qui, frappant les tiges avec trop de force, disperse une partie du grain, surtout dans l'avoine. Cet inconvénient grave, il faut le reconnaître, peut être facilement corrigé, et la machine de M. Cournier, si légère d'ailleurs et n'exigeant que l'emploi d'un seul cheval, et munie d'un javelier mécanique très-ingénieux, deviendra une excellente machine.

Les trois machines américaines ne sont que des variétés du même instrument, dont celle de M. Mac-Cormick est le type. Nous signalerons seulement deux particularités de disposition. La première consiste à établir obliquement les aubes du volant, de sorte que les tiges se trouvent abaissées avec moins de secousse et que l'égrenage est moins à redouter. La seconde particularité, qui a surtout attiré l'attention par son originalité et sa hardiesse, consiste dans le râteau mécanique inventé par Alkins et adapté à la machine de Wright. Ce mécanisme représente véritablement un bras gigantesque accomplissant tous les mouvements du bras humain, s'allongeant, se relevant, se reployant, se retournant pour manier, comme pourrait le faire un homme, le râteau qui prend le blé sur la plate-forme et le dispose en javelles. Une expérience prolongée pourra seule dire si ce mécanisme ingénieux doit être considéré comme un tour de force d'exposition ou entrer dans la catégorie des instruments usuels. Dans ce cas, ce serait une conquête, car l'instrument accomplit sans ouvrier un travail très-fatigant et auquel un homme seul ne suffirait pas pendant toute une journée.

Dernière observation : Quelques-unes des machines, particulièrement celle de Manny, avaient leur roue motrice garnie de bandes cannelées transversalement au lieu de bandes unies. Ce détail ne manque pas d'intérêt : il a pour but d'empêcher que la roue ne soit jamais enrayée naturellement et amenée à glisser au lieu de tourner. On conçoit, en effet, que la scie, ne recevant que le mouvement communiqué par la roue, s'arrête toutes les fois que celle-ci ne tourne plus. Si donc par le fait d'un glissement la machine avançait sans que la roue tournât, la scie restant également inactive, le blé s'engagerait sous la machine sans être coupé.

La nouveauté de ces machines, l'intérêt qui s'y rattache, l'émotion naturelle qu'a causée dans le monde agricole l'annonce de leur succès excuseront les développements dans lesquels nous avons cru devoir entrer à leur égard. *(Figures 20, 21, 22 et 23, voir à la fin.)*

Avant de quitter les machines à récolter, il reste un mot à dire des faneuses et des râteaux à cheval. Ces deux instruments ne sont pas nouveaux pour ceux qui s'occupent de mécanique agricole dans notre département; ils ont déjà été vus dans divers de nos comices, notamment la faneuse de Smith *(Figure 24, voir à la fin)* et le râteau Howard *(Figure 25, voir* à la fin) ont paru au comice de Plat-Buisson, en 1846, et y ont été appréciés. Toutefois, ils n'ont pas encore pris place dans nos exploitations; peut-être faut-il l'attribuer au prix assez élevé de ces instruments, dont le premier coûte 400 fr. et le second 200 fr. Ils étaient encore en tête de tous ceux du même genre figurant à l'Exposition. Cependant, on remarquait aussi le râteau dit américain traîné par un cheval et destiné exclusivement à ramasser le foin fané. Il s'en fabrique à Grignon, où il se vend 45 fr. Quelques-uns travaillent déjà dans des fermes de notre département. (*Figure* 26, *voir* à la fin).

—

## MACHINES A BATTRE.

Il n'y a rien à apprendre à la plus grande partie des cultivateurs de Seine-et-Marne sur l'utilité des machines à battre. Quelle est la grande exploitation de ce département qui aujourd'hui ne possède pas la sienne, machines fixes en général, mues presque toutes par des manèges, quelques-unes exceptionnellement par la vapeur? L'Exposition en présentait un assez grand nombre. La donnée générale sur laquelle toutes ces machines sont construites consiste dans cette observation que l'épi ayant un diamètre supérieur à celui de la paille, si l'un et l'autre sont engagés entre la surface convexe d'un cylindre se mouvant rapidement et la surface concave d'une portion d'un autre cylindre concentrique, cannelé suivant sa hauteur, en rapprochant convenablement les surfaces, l'épi sera écrasé et dépouillé de son grain, tandis que la paille s'échappera en n'éprouvant que des altérations plus ou moins sensibles. La paille sera plus brisée, en effet, si elle est présentée debout; elle le sera moins si l'engrainage a lieu en travers. Ce dernier système donne nécessairement à la machine de plus grandes dimensions, et la rapidité du travail produit en est certainement diminué; toutefois, il est suffisamment justifié dans notre département et dans tous ceux où l'on attache du prix à la conservation de la paille et où il importe de ne pas en altérer la valeur vénale.

Les expériences faites à Trappes portaient aussi sur les machines à battre : deux surtout y ont attiré l'attention, celle de M. Pitts, de Buffalo (États-Unis) et celle de M. Duvoir, de Liancourt (Oise).

M. Pitts, partant de l'idée première que nous avons exprimée, a cherché, en multipliant les surfaces frottantes que les épis doivent rencontrer, à augmenter la masse de blé qui pourrait être engrainée à la fois dans la machine, et il est parvenu à pouvoir y jeter à la fois des gerbes entières. Le cylindre batteur d'une seule pièce de fonte et le contre-batteur sont armés, sur toute leur surface, de dents applaties en fer de douze centimètres de longueur, perpendiculaires aux axes, et rangées en quinconces de manière à ne laisser entre elles qu'un passage insuffisant pour le diamètre de l'épi, de sorte que lorsque la machine fonctionne le battage n'a plus lieu par les plans horizontaux de la surface développée des cylindres, mais suivant les plans verticaux décrits par les dents qui couvrent le cylindre batteur. Nous avons vu cette machine en action, mue par une machine à vapeur de la force de six chevaux; le mécanicien ne suffisait pas à y précipiter les gerbes que quatre hommes lui présentaient incessamment et qui semblaient disparaître comme dans un gouffre. Le blé, convenablement nettoyé, s'en écoulait à flot, et elle vomissait des monceaux de paille brisée. Elle peut rendre ainsi 150 hectolitres de blé par jour. Un cultivateur conduisant une exploitation qui produirait de 800 à 1,000 hectolitres de blé pourrait de la sorte battre toute sa récolte en huit jours : c'est un conseil que nous ne croyons utile de donner à personne; de tels moyens dépassent nos besoins habituels.

Ils nous semblent très-suffisamment desservis par la machine Duvoir, qui s'est fait remarquer aux expériences de Trappes par la perfection de sa construction et de son travail. Mue par deux chevaux, servie par quatre hommes, elle a donné un débit de 5 hectolitres par heure. Elle rend le blé convenablement nettoyé et la paille marchande. (*Figure* 27, *voir* à la fin).

A côté des machines fixes figuraient aussi des machines locomobiles, lesquelles, très-rares et à peine connues dans notre département, sont au contraire extrêmement répandues dans plusieurs autres et y rendent d'excellents services. L'appareil batteur monté sur des roues va chercher le blé là où il est, et peut se promener de village en village, de maison en maison, et faire profiter chaque petit cultivateur des avantages que les machines fixes réservent exclusivement à la grande culture. L'introduction de ces machines dans nos cantons de petite culture serait à coup sûr un bienfait. Or, il ne faut pas perdre de vue que l'importance de ces cantons représente près du tiers de la surface du département.

Parmi les diverses machines locomobiles, nous croyons devoir signaler principalement :

1° Celle de M. Damey, de Dôle (Jura), mue par des chevaux, légère et ingénieusement disposée, et nettoyant le blé; il n'y aurait peut-être à lui reprocher que la trop petite longueur de son levier;

2° Les machines locomobiles de MM. Lotz, de Nantes, et Calla, à Paris (*figures* 28, 28 *bis* et 29, *voir* à la fin), mues par la vapeur. Ces machines sont extrêmement répandues dans les départements de l'Ouest. Il nous sera peut-être permis de placer ici une observation qui s'adresse à nous tous. Nous avons certes la prétention d'être un département progressif; nous nous croyons même supérieurs à beaucoup d'autres que je ne nommerai pas; combien avons-nous dans nos fermes de machines à vapeur fixes ou mobiles? Le compte n'en serait pas long à faire, et on les cite comme des titres d'honneur en faveur de ceux qui les ont établies. Eh bien, dans les départements de l'Ouest, les deux maisons Lotz, de Nantes, en fournissent par centaines. Il y a tel paysan vendéen, entrepreneur de battage à la vapeur, propriétaire de trois ou quatre de ces machines, et qui promène de métairies en métairies leurs utiles services. Ces faits nous ont paru valoir la peine d'être cités comme exemple.

Avant de quitter les machines à battre, la Commission croit devoir appeler l'attention sur quelques-unes d'entre elles qui présentaient dans les détails certains essais de perfectionnement.

M. Bonnet, de Châtillon (Côte-d'Or), a cherché à produire mécaniquement la distribution de la paille à battre dans la machine. On sait combien cette opération, si elle était confiée à un engraineur maladroit, occasionnerait de ruptures dans la machine et de défectuosités dans le travail. Pour parvenir à son but, M. Bonnet remplace par une auge la table à engrainer; le fond est occupé par un cylindre creux en bois qui renferme un arbre excentrique, sur lequel sont fixées des pointes en fer correspondant à des trous du cylindre de bois. Or, par suite de l'excentricité de l'arbre, les dents s'avancent ou se retirent pour accrocher la paille et la livrer à l'action de la machine.

Le secoueur est à lames alternativement indépendantes qui, mues d'un mouvement de va-et-vient alternatif et opposé, secouent la paille sans occasionner les chocs qui absorbent inutilement une grande partie de la force, comme cela a lieu dans la disposition généralement adoptée.

M. Mannequin, à Troyes, a cherché à simplifier le nettoyage du grain; il a monté directement l'aile du ventilateur

sur l'arbre du volant batteur; le courant d'air est amené par
un conduit au-dessous de la machine et dirigé sur une gout-
tière où s'écoule le grain et la menue paille, qui y sont agi-
tés par un arbre muni d'une vis d'Archimède; le grain s'é-
coule sur des grilles et se trouve vanné et criblé par un
système d'engins beaucoup moins volumineux.

Le prix de ces trois dernières machines est de 1,800 fr.

L'Exposition présentait quelques modèles de machines
pour battre à bras, imitant ou reproduisant l'action du fléau.
Nous croyons qu'elles ne présentent aucun intérêt; le fléau
est, suivant nous, sous ce rapport, la machine la plus simple
et la plus parfaite. Nous croyons que le batteur, armé de cet
instrument léger qu'il dirige avec intelligence sur l'épi à
battre, utilise plus avantageusement la force de l'homme
qu'une machine compliquée qui absorbe par elle-même déjà
une partie de la force et use aveuglément, sur toute la surface de la paille, l'effort que le batteur dirige tout entier sur
la surface relativement si restreinte des épis.

—

## INSTRUMENTS A NETTOYER LES GRAINS.

L'Exposition contenait un grand nombre de tarares qui
n'offrent aucune disposition bien nouvelle; nous avons cependant remarqué celui de M. Vilcoq, de Meaux, dont le
crible est remplacé par un cylindre; la machine est bien
construite, elle est d'ailleurs très-répandue dans notre département.

Les trieurs ont vivement attiré notre attention; ceux de
MM. Vachon, de Lyon, remplissent parfaitement le but à
atteindre, qui est d'extraire les mauvaises graines dont le
diamètre égale celui du blé et qui ne peuvent être éliminées
par les cribles ou les grilles de tarare. Les blés les plus

sales traités par ces trieurs se transforment en blés de semence : leur construction repose sur cette observation, que
le blé présente une forme elliptique, tandis que la plupart
des graines qui le salissent se rapprochent de la forme sphé-
rique, de sorte que, si on le fait écouler sur un plan incliné
percé de cavités circulaires de 2 à 3 millimètres de profondeur et de diamètre et animé d'un mouvement de sassement,
le blé qui s'y engagera dans une position inclinée ne pourra
s'y maintenir, tandis que les graines sphéroïdales ou aplaties,
ou même le blé maigre, s'y logeront et pourront être séparés
du bon grain. MM. Vachon ont exposé deux modèles différents : l'un est l'instrument dans sa simplicité primitive;
l'autre, plus compliqué, débite d'avantage et joint à la fonc-
tion du trieur celle du tarare. (*Figure* 30, *voir* à la fin).

M. Pernollet, de Ferney-Voltaire (Ain), expose un
cylindre tout en fer et en tôle étamé qui coupe le blé en
quatre, le dernier compartiment donne du blé de semence
de premier choix; mais, par suite du trop grand déchet qu'il
fait, il ne travaille pas assez vite; il peut rendre cependant de
bons services : un enfant ou une femme peuvent facilement
le mouvoir; il coûte 115 fr. Il est déjà employé dans le
département. (*Figure* 31, *voir* à la fin.)

M. Tritschler, de Limoges, a présenté un trieur qui,
comme celui de M. Vachon, repose sur l'observation de la
différence de forme du blé et des graines qui le salissent.
Par l'effet de l'impulsion différente que reçoivent, par suite
du mouvement de sassement, le blé et les graines rondes
sur un plan incliné, les unes suivent la pente tandis que les
autres se précipitent dans des ouvertures qui traversent les
plans eux-mêmes. Nous aurions désiré voir fonctionner cette
machine. Cependant, d'après les échantillons de grains
exposés, elle paraîtrait remplir assez bien le but proposé.

—

## INSTRUMENTS INSECTICIDES.

Les grains sont attaqués dans les greniers par trois parasites qu'il importe de détruire : ce sont la teigne ou papillon, la fausse teigne ou alucite qui produit un papillon très-analogue à la teigne, et le charançon. La teigne est bien connue par les filaments qu'elle tend sur les tas de grains qui se sont échauffés pour n'avoir pas été remués ; la fausse teigne fait de plus grands ravages dans les contrées du centre de la France, et c'est surtout pour la détruire qu'ont été imaginés les instruments insecticides. Le charançon est connu de tout le monde. On a remarqué qu'en faisant éprouver au grain des chocs violents, on détruit ces animaux à l'état parfait ainsi que leurs œufs et leurs larves. M. Doyère, qui a étudié particulièrement la question de la destruction de ces insectes, a imaginé un instrument qui soumet le blé à ces chocs, lance le grain à l'intérieur de manière à séparer, par l'effet de leur plus grande densité, les grains sains de ceux qui sont creusés par les insectes.

Le docteur Herpin, en faisant passer les grains entre deux presses, les dépouille aussi de leurs parasites ; il a joint à son appareil un cylindre qui lance aussi le grain comme celui de M. Doyère. Ces instruments présentent peu d'application dans notre département où les parasites font peu de ravages et où l'on s'en garantit par les soins ordinaires que l'on donne aux greniers.

## MACHINES DIVERSES.

—

### COUPE-RACINES.

L'usage de ces instruments est aujourd'hui si généralement répandu dans notre département, qu'il reste en vérité
bien peu de choses à dire à cet égard. Nous employons plus
communément le coupe-racines à disques verticaux, et ce
système était aussi celui le plus généralement adopté dans
les instruments exposés au Palais de l'Industrie. Cependant,
la première récompense a été décernée au coupe-racines de
M. Maurer, à disque horizontal. Cette disposition présente
l'avantage de débiter beaucoup sans dépenser une très-
grande force. Cet instrument, ainsi que d'autres construits
sur le même système, offre cette particularité, que les tran-
ches ployées circulairement ont l'aspect d'une arête de pois-
son et sont déchirées plutôt que coupées, condition éminemment favorable à la nutrition du bétail comme à la fermen-
tation dans les distilleries. (*Figures* 32 et 32 *bis, voir* à la fin).

### HACHE-PAILLE.

L'emploi toujours croissant des grains concassés et des
pulpes provenant des distilleries comme nourriture donnée
aux bestiaux commande nécessairement la mixture des pailles
et fourrages coupés, et doit par conséquent amener l'introduction des hache-paille dans nos fermes.

Parmi les divers instruments de ce genre admis à l'Exposition, ceux de MM. Van Maële (Belgique), *figure* 33, *voir*
à la fin), et Laurent, à Paris (*figure* 34, *voir* à la fin), méritent
principalement d'attirer l'attention des cultivateurs. Construits
l'un et l'autre d'après le même système, ils se composent de
deux rouleaux cannelés, se mouvant d'après les mêmes prin-
cipes que les rouleaux engraineurs des machines à battre, et

de couteaux à lames courbes fixées sur un volant. Il est à regretter que les prix de ces instruments soient encore aussi élevés; ils varient de 150 à 200 fr.

## BARATTES.

L'Exposition en présentait un nombre très-considérable, parmi lesquelles celles de MM. Fouju, à Paris, et Claës, de Lembecq (Belgique), (*figure* 35, *voir* à la fin), ont paru tenir le premier rang. Cependant, il convient de signaler comme fort ingénieux et d'une bonne application l'invention de M. Sterjnsward (de Suède), qui consiste à procurer l'aération de la masse liquide, circonstance qui accélère la formation du beurre. La baratte suédoise coûte, selon ses dimensions, pour 7 à 40 litres de lait, 46 à 168 fr. (*Fig.* 36, *voir* à la fin).

Le maintien d'une température moyenne est une des conditions principales du bon et rapide travail des barattes, aussi avait-on vivement apprécié un appareil produit à l'un des concours de Seine-et-Marne, par M. Laurent, à Fromont, arrondissement de Fontainebleau, et permettant, suivant la saison, de réchauffer ou de refroidir la crême, au moyen d'une double enveloppe se remplissant alternativement d'eau chaude ou d'eau froide. Nous regrettons de n'avoir pas trouvé à l'Exposition universelle une baratte construite d'après cette idée.

## SOUS-TRAITS DE MEULES.

L'exposition anglaise en a produit un certain nombre. On voit que l'emploi en est généralement adopté dans ce pays qui, loin de dédaigner l'usage des meules, a le bon sens de les préférer aux constructions dispendieuses des granges monumentales. On peut construire indifféremment ces sous-traits, soit en bois, soit en fonte, en ayant soin, en tout cas, que le cercle extérieur dépasse notablement les supports pour éviter l'invasion de la vermine.

### MACHINE A FABRIQUER LES TUYAUX DE DRAINAGE.

Nous n'avons pas besoin de prêcher au département de Seine-et-Marne l'usage du drainage et l'emploi des machines à fabriquer les tuyaux. Nous sommes un des départements où l'on draine le plus, et celui où les machines à fabriquer les tuyaux se sont le plus perfectionnées par l'usage. Nos machines de Rouiller, de Chelles, de Blot et Leperdrieux, de Pontcarré, ont paru à l'Exposition et y ont soutenu une réputation justement acquise parmi tous ceux qui s'occupent de drainage.

La machine à pression verticale de Rouiller, perfectionnement de la machine anglaise de Clayton, doit être considérée principalement comme un épurateur. Elle se combine merveilleusement pour la grande fabrication avec la machine de Calla.

La machine de Blot et Leperdrieux, à double effet, épure par un côté et de l'autre étire horizontalement les tuyaux. Son prix peu élevé (575 fr.) et la simplicité de son mécanisme la rendent éminemment propre à être employée, soit dans les petites tuileries, soit par un propriétaire qui voudrait fabriquer lui-même ses tuyaux. Le tablier qui reçoit les tuyaux est composé, dans cette machine, de rouleaux taillés en gorge, correspondant à chacune des embouchures de la filière et non solidaires entre eux. Il en résulte que chaque rouleau, indépendant dans sa marche, peut se prêter à la plus ou moins grande rapidité de l'étirage de chaque ligne de tuyaux. (*Voir la figure* à la fin.)

La machine de Schlosser séduit par l'agencement bien entendu de tous ses organes; le prix (750 fr.) n'en est pas très-élevé relativement à sa bonne confection. Il est peut-être à redouter qu'à l'usé on ne reconnaisse dans la simultanéité des deux opérations d'épurement et d'étirage les mêmes inconvénients qui ont fait justement critiquer la machine Clayton, dont elle diffère par son étirage horizontal. (*Fig.* 37, *voir* à la fin.)

Comme préparation indispensable à l'emploi de toutes ces machines, nous croyons devoir signaler l'usage d'un malaxeur. Nous en avons vu plusieurs, parmi lesquels celui de M$^{me}$ veuve Champion (Seine-et-Oise) nous semble le meilleur.

### APPAREILS A DISTILLER LA BETTERAVE.

La culture de la betterave a pris dans ces derniers temps un si rapide essor dans notre département, et les distilleries annexées aux fermes sont déjà si nombreuses et nous semblent devoir se multiplier tellement encore, que la Commission a jugé convenable de s'occuper d'une manière particulière des appareils propres à la distillation.

Après examen fait de tout ce que l'Exposition universelle nous offrait dans ce genre, nous ne croyons devoir signaler comme nouveauté à l'attention des cultivateurs que la chaudière-alambic de l'invention de M. Pluchart. (*Voir la figure* à la fin). En effet, les appareils à distillation continue de Cellier Blumenthal, construits par Derosne et Cail, sont connus depuis longtemps, et les perfectionnements apportés, même dans ces derniers temps, n'ont point modifié leur emploi, ni les résultats qu'on en obtient. La chaudière-alambic de M. Pluchart paraît devoir introduire des changements importants dans le mode de distillation de la betterave et permettre à peu de frais l'établissement de distilleries agricoles. Ce sera, grâce à la simplicité de l'appareil et à l'économie qu'il permet dans tout l'outillage de l'usine, un nouveau pas de fait dans la voie du progrès ouverte par le système de M. Champonnois.

Une description détaillée de ce nouvel appareil et la comparaison à en faire avec les systèmes antérieurement connus et pratiqués nous entraîneraient dans des longueurs que ne comporte pas ce rapport. Du reste, des expériences entreprises sous le patronage de la société d'agriculture de Melun se poursuivent en ce moment, et feront bientôt connaître toute la vérité sur le mérite de cet appareil.

Ici s'arrête la série des instruments et machines dont la Commission a cru devoir faire l'objet particulier de ses études. Ainsi nous passons sous silence tout ce qui est relatif à des cultures qui ne sont pour le département de Seine-et-Marne que des accessoires, la vigne par exemple. Nous ne parlerons donc ni des plante-échalas, ni des pressoirs.

Nous ne disons rien des instruments d'horticulture, matière intéressante sans doute, mais placée en dehors du programme tracé à la Commission par l'arrêté qui l'a instituée.

Les machines employées dans les fermes peuvent être mises en activité par des moteurs de toute espèce; nous n'avons pas dû étendre notre étude au delà de la machine agricole elle-même; celle des moteurs, considérés uniquement comme tels, aurait ouvert devant nous tout le domaine de la mécanique; la Commission a dû s'en abstenir. Toutefois, c'est ici le lieu de dire combien les cultivateurs peuvent tirer profit de l'usage des machines à vapeur locomobiles. Grâce à ces remarquables machines, la force motrice se promène sur tous les points de la ferme où elle est nécessaire : de la machine à battre au coupe-racine, du coupe-racine à la pompe, de la pompe au pressoir. Les chevaux ne s'adaptent pas avec plus de facilité à tous les besoins de la ferme.

Enfin, après ce qui intéresse le fermier, que de choses avons-nous vues à l'Exposition qui touchent peut-être plus directement la fermière et que nous pourrions décrire, si nous voulions entamer la matière de l'économie domestique, comme les moulins portatifs, les pétrins, les machines à couper le pain, les fourneaux à lessive, les balances, les bascules, les fourneaux économiques, que sais-je, jusqu'aux souricières; mais il faut savoir se borner et laisser en dehors de notre cadre tous les objets d'une utilité générale, mais non spéciaux à l'industrie agricole. La Commission, dans l'ardeur de son zèle, aurait voulu indiquer jusqu'au meilleur coffre-fort destiné à recevoir les richesses du cultivateur, rémunération légitime de ses travaux et de ses sueurs. Mais il a été observé, avec juste raison, que la meilleure caisse pour le cultivateur, propriétaire ou fermier, c'est la terre elle-même, qui reçoit les capitaux en amélioration, les garde fidèlement et les rend avec usure.

En terminant ce travail trop imparfait, le rapporteur de la Commission éprouve le besoin d'exprimer la crainte qui le tourmente d'être resté au-dessous d'une œuvre aussi difficile et de n'avoir pas suffisamment mis en lumière les observations pleines de science et de sens pratique qu'il a recueillies de tous les membres de la Commission.

*Le Rapporteur,*

MARC DE HAUT.

# RAPPORT

ADRESSÉ

## A M. LE PRÉFET DE SEINE-ET-MARNE

SUR

### LES PRODUITS AGRICOLES DE L'EXPOSITION UNIVERSELLE.

MONSIEUR LE PRÉFET,

L'Exposition universelle de Paris n'avait point pour unique but d'exciter l'étonnement et l'admiration. Si ce dernier sentiment lui a payé un large tribut ; s'il nous a été donné de voir sous un seul cadre le plus magnifique tableau des richesses de la nature, du travail et de l'art, qui eût encore été offert à des yeux humains ; et si, dans cet admirable concert de tous les peuples, la France a pu tenir bien haut son drapeau de civilisation et de progrès, de précieux enseignements devaient aussi et surtout sortir de cet appel entendu dans tous les points du monde.

Préfet d'un département essentiellement agricole, et vous-même expert aux choses de l'agriculture, vous avez pensé que quelque avancée que soit la culture renommée à juste titre de la contrée dont vous êtes le digne administrateur, d'utiles notions pouvaient encore être recueillies par elle ou pour elle au grand congrès des nations.

La première section de la commission que vous avez nommée à cet effet, a parfaitement rempli sa tâche, qui lui a fourni le sujet d'un brillant et substantiel rapport sur les machines et instruments agricoles. La seconde section, celle des produits, n'aura, pour exciter l'intérêt, ni la nouveauté des descriptions, ni l'éclat et le mouvement des expérimentations solennelles; elle demande seulement qu'on veuille bien lui tenir compte de difficultés toutes particulières qui ont rendu sa mission moins aisée qu'on ne pouvait le supposer au premier abord.

La première de ces difficultés naissait du classement même adopté à l'Exposition. Ce classement était fait, non par nature de produits, mais par nations. Il résultait de là qu'il fallait perdre un temps considérable en recherches toujours fatigantes, souvent infructueuses, pour visiter les produits similaires ainsi disséminés. Puis, qu'arrivait-il, pour les laines, par exemple? C'est que lorsqu'on avait trouvé celles d'une contrée, on n'avait plus qu'un souvenir imparfait des laines d'une contrée visitée précédemment. Pas de rapprochement possible, par conséquent pas de comparaison exacte. Fréquemment même pas de moyen de se livrer à un examen sérieux, beaucoup d'échantillons ayant été trop soigneusement tenus renfermés sous verre.

Il en était un peu de même pour les grains; et encore ici que pouvait-on voir? De beaux échantillons, sans doute, triés et parés avec soin; mais l'aptitude à notre sol? mais la rusticité? mais la multiplicité des tiges, la richesse des épis, les qualités de la paille? Toutes ces questions ne pouvaient être un peu sérieusement résolues que par l'expérimentation, c'est-à-dire par la culture, c'est-à-dire encore par un délai de près d'une année. Ces expériences ont été entreprises, mais nous pourrons seulement les mentionner aujourd'hui, les résultats n'en seront nécessairement connus que plus tard.

Ceci dit, et il y avait justice à ce qu'il fût dit, nous allons essayer de résumer les observations et les impressions auxquelles l'Exposition a donné naissance dans le sein de la sous-commission des produits. Nous disons à dessein : et les impressions, parce que peut-être résultera-t-il non moins d'enseignements de la communication des idées, du choc même des idées diverses débattues à propos de l'Exposition, que de l'Exposition elle-même. Nous pensons d'ailleurs que toutes les opinions émises par des hommes graves, consciencieux, pratiques, ont droit d'accès en ce rapport. Les conditions de l'agriculture étant extrêmement variées dans Seine-et-Marne, si une idée n'est pas applicable à telle localité, ce n'est pas une raison pour qu'elle ne le soit pas dans une ou plusieurs autres.

Nous nous occuperons des produits en commençant naturellement par celui qui est la base même de l'agriculture.


## LES BLÉS.


Quatre de nos collègues de la sous-commission se sont chargés de semer, avec tous les soins que comportait une expérience destinée à être rendue publique, quelques-uns des plus beaux blés étrangers admis à l'Exposition.

M. Teyssier des Farges a semé dans sa propriété de Pécy, canton de Nangis, le 5 octobre 1855, dans une bonne terre assez bien abritée, en rayons, après une récolte de pommes de terre, et sans fumure, les six espèces de blés qui suivent :

Blé blanc d'Australie,
Blé blanc d'Afrique,

Blé blanc anglais,
Blé de Hongrie,
Blé dur d'Afrique,
Blé d'Espagne.

Tous ont très-bien levé, mais le blé dur d'Afrique a complètement gelé ; les autres ont une superbe apparence.

M. Lefèvre, des Aulnois, commune de Saints, près Coulommiers, a semé les blés mentionnés par M. des Farges, et en outre :
Blé de Suède,
Blé normand, dit blé Chaf.

M. Le Pelletier de Glatigny a semé, dans sa propriété d'Annet, près Claye, des dix espèces suivantes, les employant en deux séries, novembre et mars :
Blé rouge anglais,
Blé blanc anglais,
Blé Commoun-Rivet,
Blé d'Algérie dur,
Blé d'Algérie tendre,
Blé riz,
Blé d'Australie,
Blé de Hongrie,
Blé de Suède,
Blé hybride.

M. Le Pelletier a semé en outre :
Avoine noire anglaise,
Avoine blanche anglaise, dite Potats,
Orge anglaise,
Orge de Suède.

Ceux de ces blés de la série de novembre, qui appartiennent à des contrées dont la température est à peu près la même ou est plus froide que celle de la France, ont seuls une bonne apparence jusqu'ici, sans rien annoncer toutefois qui puisse faire espérer quelque chose de très-remarquable. Ceux qui proviennent de pays ayant une température plus chaude ont à peu près manqué, et il est probable qu'ils ne pourraient bien réussir chez nous que dans des années d'une température exceptionnelle. Nous devons dire toutefois que le blé dur d'Algérie, qui avait gelé à Pécy, n'a pas gelé à Annet, non plus que chez un cultivateur de Lagny, M. Lesseur, qui en a semé aussi.

M. Fournier a semé, à Rutel, près Meaux, en rayons, dans une terre conduite de jachères :

Blé jaune anglais, de Windsor,

Blé du Chili.

A la fin de mars, le blé anglais poussait convenablement par touffes.

Le blé du Chili a gelé en partie.

Certainement des expériences faites sur des quantités de blé assez minimes, des expériences d'une seule année, ne pourront pas être encore parfaitement concluantes ; elles le seront néanmoins, sans doute, toutes les fois qu'elles auront été négatives. En effet, a-t-il été dit dans la sous-commission, bien que l'on conçoive des espérances d'acclimatation, bien que l'on conseille de n'employer des semences étrangères qu'après qu'elles se sont déjà reproduites deux ou trois fois au moins dans le pays, l'acclimatation d'un pays chaud à un pays qui l'est moins, difficile dans le règne animal, l'est beaucoup plus dans le règne végétal, surtout dans les plantes herbacées.

L'observation d'un grand nombre d'années paraît prouver que celles de ces plantes qui gèlent à tel degré de froid et dans des conditions atmosphériques données, gèleront tou-

jours dans les mêmes conditions et au même degré de froid.
Les haricots, par exemple, qui ont été cités à ce sujet, et
qui sont originaires des bords de l'Indus, réussissent parfaitement chez nous, où ils rendent de grands services; mais
c'est à la condition toujours la même, et que douze ou quinze
siècles n'ont pas modifiée, de ne pas être exposés à un certain degré de froid, peut-être un peu variable dans diverses
espèces, mais toujours le même pour chaque espèce, qu'elle
ne brave jamais impunément, et qu'on doit lui épargner avec
soin.

Depuis deux cents ans et plus que l'industrie des horti-
culteurs a créé des serres pour nous faire jouir de l'aspect
des plantes des régions plus rapprochées du soleil que la
nôtre, est-il beaucoup de leurs frileuses élèves qui aient pu
sortir pour toujours de leur appartement vitré, prendre libre
et entière possession de notre sol, et braver en plein air
notre ciel pour elles trop inclément?

Enfin, on connaît depuis longtemps les limites infranchis-
sables assignées non-seulement à la vigne en général, mais
à certaines variétés de la vigne, à l'olivier, au riz, au
maïs, etc.

La recommandation de ne pas employer de semences de
blés étrangers qui n'aient produit déjà un ou deux ans en
France, paraît donc devoir s'entendre plutôt de la présomp-
tion ainsi obtenue qu'ils peuvent réussir dans notre climat,
que de l'acclimatation qu'ils auraient pu acquérir par ce laps
d'un ou deux ans ou même plus; nous citerons ici un fait à
l'appui de cette assertion.

M. Harrouard-Richemond, cultivateur fort distingué, de-
meurant à Vincy, canton de Lizy-sur-Ourcq, avait reçu quelques grains de froment trouvés dans la boîte d'une momie
égyptienne. Il y en avait onze : il les sema et les entoura de
soins. Trois mille ans peut-être d'âge n'avaient point altéré

en eux la vertu reproductrice ; ils germèrent, les tiges se développèrent et produisirent de magnifiques épis qui vinrent à maturité. M. Richemond en sema tous les grains ; même succès l'année suivante, et celle d'après encore ; enfin, la quatrième année il avait pu, avec le produit des onze premiers grains, ensemencer 25 ares de bonne terre.

Là s'arrêta le succès ; la quatrième année (décembre 1854) tout gela, et M. Richemond perdit à la fois l'espérance et le désir d'ensemencer ses terres avec le froment des Pharaons.

Ces observations ont seulement pour but, non pas d'empêcher d'essayer des blés étrangers, mais de précautionner contre des essais téméraires. C'est sous ce rapport surtout que les expériences négatives, lorsqu'elles sont bien faites, ont une grande utilité ; elles préviennent des tentatives qui, hasardeuses, pourraient être ruineuses.

Mais il sera toujours bon, dans des probabilités convenables de réussite, d'essayer des semences nouvelles.

Les meilleures semences dégénèrent à la longue, et la rénovation des semences, leur changement fréquent est une des conditions d'une bonne récolte.

Jusqu'à présent, et en attendant que le temps ait sanctionné les avantages de nouveaux blés, un certain nombre de variétés pour semence, déjà connues, ont paru à la commission pouvoir être recommandées à différents titres. Ces titres ont été fort discutés et controversés, il est vrai ; mais, chacun de ces blés ayant eu ses partisans très-déclarés, il en résulte la preuve que chacun d'eux réussit bien dans les conditions qui lui sont propres et que doit observer le cultivateur.

Ce sont les blés :

De Crespy,

De Saumur,

De Bergues,

Le blé rouge à épis rouges d'Angleterre,

Le blé dit Poulard,

Le blé bleu originaire d'Odessa,

La tuzelle de Provence,

Le blé de Narbonne,

Le blé blanc d'Espagne, difficile seulement à se procurer faute de voies de communication,

Et, enfin, le blé d'Australie.

La principale discussion a porté surtout et assez vivement sur le mérite relatif des blés blancs et des blés rouges, considérés sous deux points de vue et par deux intérêts peut-être un peu divers, la meunerie et la culture ; la meunerie paraissant affectionner les blés blancs comme de qualité supérieure ; la culture paraissant disposée à négliger le surcroît de prix attribué à cette qualité, si un rendement plus considérable en blé rouge vient compenser bien au delà ce surcroît, et si elle y trouve plus de sécurité pour la récolte.

Suivant un des membres de la sous-commission, les blés blancs conviendraient dans les meilleures terres, et les blés rouges dans les moindres.

Nous avons été assez heureux pour pouvoir nous procurer à ce sujet un document qui n'a point été créé pour les besoins de la cause, comme on dit au palais ; c'est le résultat d'une expérience comparative faite avec beaucoup de soin, en 1846, sur les quatre espèces de blés suivants :

Blé blanc anglais,

Blé rouge anglais,

Blé blanc de Bergues,

Blé de Crespy.

M. Léon Petit, de Meaux, dont on ne peut contester les connaissances ainsi que l'expérience héréditaire en agriculture, ensemença sur le terroir de la commune de Neufmontiers, près Meaux, au lieudit les *Vingt-deux arpents*, une pièce de quatre hectares d'une qualité de terre parfaitement identique, et divisée en quatre parties égales, avec les quatre espèces de blé ci-dessus.

La récolte fut soigneusement recueillie et séparée, et elle ne fut pas moins soigneusement mesurée; chaque espèce de blé av.. donné la même quantité de gerbes, 1,250 par hec-tare. En voici les produits. (Le tout livré au moulin et réglé à 118 kilos l'hectolitre et demi). Nous les classons suivant le rendement :

|  | héct. | litres. |
|---|---|---|
| 1er hectare. Rouge anglais............ | 39 | 83 |
| 2e hectare. Crespy.................. | 35 | 57 |
| 3e hectare. Blanc anglais............ | 30 | 13 |
| 4e hectare. Blanc de Bergues......... | 29 | 61 |

Dans cette expérience, le produit du blé rouge avait été d'environ 1/3 en sus de celui des blés blancs anglais et de Bergues, et d'un peu moins de 1/8 en sus de celui de Crespy.

Après quelques autres tentatives de culture du blé blanc, M. Léon Petit et plusieurs cultivateurs notables du voisinage ont fini par adopter uniquement le blé rouge.

Ce blé qui a peu d'apparence au printemps, talle ensuite; il a le mérite de pousser tard, d'être par conséquent moins attaquable par la gelée, mérite fort appréciable dans une contrée où l'on se souvient encore que la plupart des blés blancs furent gelés il y a un tiers de siècle.

Il est aussi moins sujet à verser ayant la tige plus dure que celle du blé blanc, qui, d'ailleurs, sous le rapport de la paille comme aliment des animaux surtout, paraît conserver une incontestable supériorité, et est beaucoup plus facile à battre que le blé rouge dont le grain se sépare difficilement de la balle.

M. des Farges considère aussi le blé rouge comme le plus

4

vigoureux, le plus rustique, résistant le mieux aux intempéries et exposant le moins à des mécomptes.

M. Fournier attribue en général à ce blé un rendement de 1/5 en plus sur les blés blancs, tout en reconnaissant que depuis plusieurs années ceux-ci ont été peu favorisés par la température.

M. Lefèvre, des Aulnois, pense que ce blé, un peu moins brillant et un peu moins recherché par la meunerie que les blancs, offre une compensation avantageuse par son produit et par son poids.

M. Darblay, tout en accordant la prééminence aux blés blancs, a rendu justice aux blés bleus qui ayant rouillé l'année dernière avaient pu, par cette cause accidentelle, être l'objet d'une prévention défavorable. Quoique peu recherchés par la meunerie, les blés bleus ont, depuis leur introduction en France, rendu des services par un rendement très-avantageux.

Enfin, M. Oscar de Burgraff a cultivé avec succès, et même dans des terres froides, du blé d'Australie qui n'a pas gelé. On ne doit pas attendre une maturité trop avancée pour le récolter, parce qu'il s'égraine très-facilement.

On peut à ces opinions diverses appliquer comme corollaires ou en déduire comme conséquences les maximes suivantes que nous avons recueillies, en séance, de la bouche de l'honorable M. Darblay :

« Il n'y a rien d'absolu en agriculture.

« Fais ce que ta terre demande.

« Etudie-la pendant plus d'un bail, s'il t'est possible.

« Ne change pas souvent de ferme, car le nouveau fermier, « s'il est sage, est obligé de regarder souvent faire ses voi-« sins. »

Il n'est personne en effet qui ne convienne de l'importance considérable de l'expérience locale en agriculture.

Les deux questions relativement nouvelles des semis en ligne et du drainage ont également préoccupé la sous-commission.

La première de ces questions surtout a été diversement appréciée. Ce mode d'ensemencement, généralement adopté, disait-on, en Angleterre, n'a point été vu employé aux environs de Londres et dans tout le sud de la Grande-Bretagne par M. le vicomte de Valmer qui y fait chaque année un séjour de plusieurs mois. Il a, au contraire, été vu très-généralement répandu dans le nord et dans l'Ecosse par M. le baron de La Rochette, par M. Viellot et par les personnes qui faisaient avec lui partie de la Commission de la Société d'agriculture de Meaux qui visita l'Angleterre en 1851. Quelques membres ont pensé que les semis en ligne ne pouvaient offrir d'avantages qu'à la petite culture, tandis que M. Laffiley a cité ce fait : qu'une quinzaine de fermiers de l'arrondissement de Melun ont semé cette année en lignes avec des semoirs à eux.

L'application du semoir à la grande culture de notre département est donc en pleine voie d'étude et même d'exécution ; ce sera une question pleinement résolue par l'expérience même, dans un avenir prochain.

Quant au drainage, rien ne paraît plus propre à augmenter nos récoltes, et surtout à en éviter l'irrégularité que le drainage fait avec intelligence. Toutes nos chertés de blé, a-t-il été dit, viennent surtout de l'excès d'eau et des séries d'années humides.

L'excédant qu'il serait possible de faire produire à beaucoup de terres, au moyen du drainage, aurait largement suffi pour combler les déficits qui ont pesé dans ces derniers temps sur la France.

Mais là encore, rien d'absolu à recommander ; là encore l'emploi doit être réglé par l'examen et l'étude des diverses terres ; et l'usage ne doit pas aller jusqu'à l'abus.

Peut-être est-il bon aussi d'étudier l'effet du drainage au point de vue de la nourriture des animaux; déjà une opinion émise, a-t-on dit, par M. de Lafond, professeur distingué à l'école d'Alfort, indiquerait que sur les terres drainées les animaux sont moins sujets qu'autrefois à périr de la pourriture; mais qu'ils tendraient peut-être davantage à périr par le sang de rate. De là peut-être aussi des modifications à introduire dans leur régime.

Au reste, le département de Seine-et-Marne, qui en a dû l'exemple à notre honorable député, M. Gareau, l'un des premiers propagateurs du drainage en France, est entré avec une résolution pleine d'intelligence dans la voie de cette importante amélioration. C'est le département où le drainage a été jusqu'ici pratiqué dans les plus larges proportions, qu'indiquait, il faut le dire, la nature de ses terrains et de ses cultures. Il a drainé en ce moment plus de 3,500 hectares, et cette quantité sera prochainement doublée.

Les terres drainées jusqu'ici se répartissent ainsi par arrondissement :

| | |
|---|---|
| Coulommiers...................... | 210 hectares. |
| Fontainebleau.................... | 117 |
| Meaux........................... | 1,316 |
| Melun........................... | 1,417 |
| Provins......................... | 492 |

Mais quelque considérable relativement que puisse paraître ce résultat, il est bien minime encore auprès du chiffre des terres susceptibles d'être drainées dans Seine-et-Marne, chiffre qui ne s'élèverait pas à moins de 250,000 hectares.

La sous-commission n'a pu qu'émettre le vœu que la fabrication des tuyaux se rapproche des cultivateurs et se multiplie sur divers points du département; le prix élevé des tuyaux ou les difficultés et les frais de transport étant le principal obstacle à la propagation du drainage. Le nombre des établissements où on en fabrique ne s'élève encore qu'au chiffre de 20 pour tout le département.

Nous ne dirons, en terminant cette partie de notre rapport, que quelques mots des avoines et des orges, c'est que ni les avoines ni les orges des autres pays n'ont paru à la sous-commission plus belles que celles de nos localités, et qu'elle ne croit pas qu'il y ait rien à faire ni à dire à ce sujet dans l'intérêt de la culture de notre département. M. Michelin nous a transmis l'opinion fort prépondérante de M. Vilmorin qui, tout en admirant les plus belles avoines étrangères, met bien au-dessus encore notre avoine de Brie.

Nous ajouterons, toutefois, que M. le vicomte de Baulny a reçu de Tartarie, il y a trois ans, une variété d'avoine noire qui croît dans des proportions gigantesques, beaucoup de tiges atteignant une hauteur de plus de deux mètres. M. de Baulny l'a déjà récoltée deux fois, elle n'a pas dégénéré jusqu'ici; on peut supposer d'ailleurs qu'elle se trouve fort bien des excellentes terres de Villeroy, canton de Claye. Les épis sont fort beaux et les grains très-abondants, mais la paille est très-forte, comme il convient à sa hauteur. M. de Baulny se propose de continuer l'étude de cette magnifique variété.

Nous allons, Monsieur le Préfet, passer à une autre nature de produits d'une grande importance encore pour Seine-et-Marne, aux laines, qui constituent une part si considérable de sa richesse agricole.

## LES LAINES.

« Au premier aperçu, nous a dit l'un de nos plus distingués éleveurs de moutons, notre collègue, M. Fournier, maire de Meaux et cultivateur à Rutel, l'exposition des laines me paraissait pauvre à cause de la dispersion des échantillons, mais quand, à force de persévérance et de recherches, j'ai pu en prendre une idée plus exacte, mon opinion a tout à fait changé, et je l'ai trouvée au contraire très-riche.

« Généralement dans les laines françaises se trouvait en majorité le type mérinos-métis, ayant des mèches assez longues et des toisons d'un poids assez élevé. Cette sorte se rencontrait dans les lots de la Brie, du Soissonnais et de la Beauce. Je pense que ces localités ont moins de finesse qu'elles n'en avaient il y a dix ans, mais cela est grandement compensé par un rendement plus considérable et par des mèches plus longues propres au peigne.

« M. Graux, à Mauchamps (Aisne), avait exposé de petites toisons dont la mèche, ressemblant à de la soie, est très-longue. Mais les moutons de M. Graux, que j'ai vus aux diverses expositions, paraissaient délicats.

« M. Pluchet, de Trappes, avait de très-belles toisons provenant de béliers Dishleys avec des brebis mérinos. Ses toisons étaient beaucoup moins chargées que les mérinos; elles offraient une laine très-longue de mèche et très-douce, sans être aussi fine que celle des mérinos.

« Les toisons de la bergerie d'Alfort avaient une laine longue et très-douce, provenant de Dishleys-mérinos. Sa douceur égalait presque celle des mérinos venus d'Allemagne.

« Les laines des échantillons d'Algérie laissaient beaucoup à désirer, cependant cette exposition pouvait mériter de l'intérêt comme venant d'un pays où les soins donnés aux moutons sont loin d'égaler ceux qu'ils reçoivent dans nos bergeries.

« Parmi les laines étrangères, la plus grande finesse que j'aie observée était celle des laines de Silésie, exposées par M. le prince Kinstky, mais les toisons d'un poids trop minime provenaient de moutons peu nourris.

« J'ai vu, enfin, des échantillons de laines d'Australie, dont les mèches étaient longues et douces. »

M. Fournier n'a pas vu les laines d'Espagne ni les laines anglaises.

M. Lefèvre, des Aulnois, a examiné les laines anglaises, qu'il a trouvées longues, assez abondantes, mais n'ayant pas le mérite de la finesse. Il a trouvé les laines flamandes ou belges utiles pour faire des matelas ; leur principal mérite étant la force, la longueur et l'élasticité. Quant aux laines allemandes et algériennes, il les juge comme M. Fournier, et ses diverses comparaisons ont fait surtout ressortir à ses yeux le mérite de nos laines métis-mérinos.

« La laine des mérinos purs, nous a dit M. Lefèvre, a un très-grand mérite comme finesse, il faut tout d'abord le proclamer. Est-ce à dire pour cela que les cultivateurs de la Brie ne doivent s'attacher qu'à la race pure, afin de produire la laine la plus fine ? Je ne le pense pas.

« N'y a-t-il pas cette race précieuse, dite métis-mérinos, dont l'éducation bien entendue peut donner au cultivateur une laine assez fine, longue, soyeuse, abondante, et dont les sujets, quand on s'attache pendant longtemps à bien choisir les béliers et les brebis, peuvent avoir une taille convenable (un quart, par exemple, plus que les mérinos purs), et produire une abondante toison (4 à 5 kilogrammes contre 3 ou 4 que produit le mérinos)?

« De plus, en s'attachant à des animaux de bonne force

et de bonne nature, l'entretien est facile, et l'engraissement, sans pouvoir supporter la comparaison avec les races spéciales, peut se faire facilement et avantageusement.

« Les récompenses obtenues par les cultivateurs du département qui s'occupent avec intelligence de cette race, sont une garantie que la laine des métis-mérinos a un vrai mérite.

« J'ai consulté à ce sujet un fabricant qui m'a dit : « Les « bonnes laines de Brie et de Beauce sont nos meilleures. « Nous sommes obligés d'en mêler aux autres laines pour « donner à nos tissus secondaires la force et une certaine « valeur. Nous les mêlons à tout. »

A côté de cette appréciation se place celle d'un autre fabricant de Louviers, qui disait à notre collègue, M. Michelin :

« Votre laine est excellente, elle fait la solidité de nos « draps. Maintenez-en le degré de finesse, mais ne cherchez « pas à le dépasser; il y va de notre intérêt commun. Les « laines les plus fines ne sont rien sans la vôtre ; elle vous « sera toujours bien payée. »

Un autre disait à M. le président Viellot :

« Nos draps les plus fins ne seront jamais *corsés* sans vos « laines. »

M. des Farges, enchérissant encore sur les avantages de la race métis-mérinos, s'exprime ainsi :

« Quelle est la préoccupation du moment ? C'est de savoir s'il est plus avantageux de sacrifier la laine à la viande, c'est-à-dire notre race à une autre race. Je crois que nous devons conserver notre race, excellente pour la laine, et bonne, après tout, pour la viande, sauf à l'améliorer sous l'un et l'autre rapport par de bons reproducteurs.

« Qu'avons-nous vu, en effet, à l'Exposition ? Trois catégories principales de laines (nous mettons un instant de côté celle de la Brie et de la Beauce); catégories dont les types sont assez complètement représentés par l'Allemagne, l'Australie et l'Angleterre, comprenant les laines très-fines, les laines assez fines et les laines communes.

« Nous ne devons pas songer aux laines si fines de l'Allemagne; nos laines sont bien supérieures à celles de l'Australie, qui sont moins nerveuses, et à celles de l'Angleterre, généralement communes.

« Les laines de la Brie sont à la fois fines, souples et pleines de nerf; elles sont très-recherchées par le commerce, et des commissaires de l'Exposition, filateurs ou fabricants, nous ont expressément déclaré qu'elles étaient en quelque sorte indispensables, et que, si elles disparaissaient, il en résulterait pour la fabrication une lacune des plus regrettables.

« Nous devons cela à notre race, puis à notre sol; car le sol influe par ses produits sur la laine, de même qu'il influe sur le blé.

« Je conteste, d'ailleurs, que notre belle race métis ne produise pas de bonne viande et dans une proportion suffisante en général. Les troupeaux soignés et bien nourris peuvent, sous ce rapport, soutenir la concurrence beaucoup mieux qu'on ne le pense; car, pour bien juger, il faut prendre l'ensemble et non quelques bêtes de choix soignées pour les concours.

« Je conclus donc, a dit en terminant M. Teyssier des Farges, qu'il n'y a pas lieu à changer nos races, sauf à les améliorer toujours, toujours et toujours. »

— « Avec le sang anglais, ajoute M. Fournier. » L'expérience ayant appris que l'on peut ainsi, au moyen d'un sang *triparti* en quelque sorte, conserver à la laine une finesse très-convenable, tout en faisant acquérir à la viande les précieuses qualités de la race anglaise, c'est-à-dire la précocité et l'aptitude à l'engraissement, et ajouter par ce moyen au produit de la laine un très-notable produit de la viande.

A ce sujet, M. Fournier a bien voulu nous communiquer le calcul suivant :

Un mouton métis-mérinos n'est bon à vendre pour la boucherie qu'à l'âge de cinq ans. Dans ce laps de temps, il fournit

cinq toisons à 10 francs, ci. . . . . . . . . . . . . . 50 fr.

Plus le prix de vente du mouton. . . . . . . . . 40

Total. . . . . . . . . . . . 90

Les moutons améliorés par le sang anglais se vendent à deux ans, sans qu'ils aient besoin de surcroît de nourriture ni d'autres soins que les soins ordinaires, mais seulement par le fait de leur nature. En cinq ans, ces moutons auront toujours produit cinq toisons, que nous ne supposerons qu'à 8 francs, quoiqué M. Fournier ait vendu les siennes cette année même 10 francs, ci. . . . . . . . . . . . . . . 40 fr.

Viande de deux moutons et demi en cinq ans. . . . . . . . . . · . . . . . . . . . . . . . . . . . . . . . 100

Total. . . . . . . . . . . . 140

Différence de produit en faveur des derniers, 50 francs.

Quelques membres de la sous-commission ont trouvé le laps de cinq ans trop long pour la vente d'un mouton métis-mérinos, et ont dit qu'il pouvait être vendu à quatre ans. En adoptant cet âge, il resterait toujours une différence de 32 francs en faveur des moutons améliorés par le sang anglais.

M. Fournier pense que chez nous il est inutile de perdre du temps et de l'argent à améliorer soi-même les béliers reproducteurs ; qu'il est plus simple, bien plus prompt et moins coûteux de les prendre en Angleterre, où ils sont tout améliorés, les Anglais s'étant fait une pratique spéciale de modifier les races dans un but donné, notamment pour l'aptitude

à l'engraissement, but qu'ils ont atteint par une longue suite
de soins particuliers dans la race ovine, comme ils l'ont fait
dans la race bovine.

### OBJETS DIVERS.

Après ces deux articles principaux, les céréales et les
laines, qui, pour notre département, dominaient tous les autres, il y avait encore quelques questions que la sous-commission n'a pu qu'effleurer, soit parce que, pour les engrais,
par exemple, elle ne pouvait ni les analyser ni les expéri-
menter, soit parce que, ainsi que l'a très-bien fait observer
M. Darblay, il ne s'agissait pas ici de faire un traité d'agriculture qui demanderait des volumes. Elle a, toutefois, donné
quelque attention à la betterave, que les circonstances ont
amenée à prendre une place assez importante dans nos cultures.

Deux systèmes relatifs à la culture de la betterave se sont
encore trouvés en présence.

L'un demande qu'elle soit semée dru, de manière à produire non pas des betteraves d'une grosseur monstrueuse,
creuses, obèses, mais des betteraves de moyen volume, à pulpe
serrée et compacte.

L'autre tient, au contraire, aux grosses betteraves donnant,
prétend-on, autant de sucre que dans un volume moindre, et
beaucoup plus de pulpe pour la nourriture des bestiaux.

Ces deux systèmes seront sans doute toujours soutenus en
sens divers par les producteurs de sucre et d'alcool et par
les producteurs de bestiaux.

Nous n'avons qu'un mot à dire des graines oléagineuses :
la sous-commission croit devoir recommander une espèce
nouvelle de colza, dite colza parasol, qui paraît mériter d'être
expérimentée et étudiée.

Il en est de même d'une plante fourragère, dite Ray-Grass d'Italie, cultivée avec succès en Angleterre, excellente en vert, donnant dans l'année plusieurs récoltes fort abondantes, et durant, à ce qu'il paraît, plusieurs années. Il est essentiel de ne pas la confondre avec le Ray-Grass anglais, bon seulement pour les pelouses d'agrément.

Depuis six ans, M. le vicomte de Baulny s'est livré à la culture du lin avec un succès qui, croissant à chaque récolte, l'a amené, lui et les cultivateurs des environs de Villeroy, à en ensemencer cette année environ deux cents hectares. Des lins de ces six années ont été exposés par M. de Baulny, afin que l'on pût reconnaître qu'ils ne dégénéraient pas et qu'ils égalaient les beaux lins de la Belgique. L'établissement récent dans notre département, d'une fabrique à travailler les lins, promet un débouché facile et avantageux à ce produit, destiné sans doute à augmenter notre richesse locale.

Un membre de la sous-commission a objecté contre cette culture qu'elle demandait beaucoup de main-d'œuvre, beaucoup de bras.

— « Oui, beaucoup de bras de femmes, d'enfants, de vieillards, d'infirmes, a répondu M. de Baulny, et n'en doit-on pas d'autant mieux accueillir une culture qui permet d'utiliser ces bras et de rémunérer convenablement leur travail ? »

De même encore M. de Baulny essaye depuis quatre ans du houblon, qui, employé d'abord en faible quantité dans une brasserie, a été reconnu d'excellente qualité. On en emploie cette année une quantité beaucoup plus considérable, et le succès autorise à croire qu'il serait très-possible et profitable d'ajouter aussi le houblon à nos autres productions.

Il semble résulter, Monsieur le Préfet, de l'exposé qui précède, qu'au point de vue agricole, les étrangers auront probablement eu, en général, autant à profiter que nous-mêmes de cette mémorable Exposition universelle. Il ne suit pas de là que si nous marchons à un rang fort honorable nous devions ou puissions rester stationnaires. Nous serions bientôt distancés. L'honneur national, l'intérêt personnel bien entendu demandent de constants et nouveaux efforts, et si nous avons peu à emprunter au dehors pour la qualité des produits, peut-être avons-nous encore à gagner et à acquérir pour la puissance de production.

Les avantages déjà obtenus ne sont pas venus tout seuls, et ne se conservent pas non plus tout seuls. Qui ne sait, pour les laines notamment, à quels soins, à quelle persévérance est due la haute valeur de cette branche si importante de notre production agricole? Qui ne sait encore, à ce sujet, que c'est l'exemple venu des sommités éclairées qui a pénétré peu à peu dans toutes les classes de la culture, qui a vaincu l'apathie, résolu les doutes, excité l'émulation? Il en devra être ainsi pour l'amélioration progressive.

A tous n'appartient pas de tenter des essais, d'aller en avant appuyés sur une théorie ou confiants dans un précédent encore douteux, de tendre enfin vers une lueur incertaine; mais pour ceux-là qui peuvent s'avancer sans la crainte d'être abattus par un échec, ruinés par quelques mauvaises années; pour ceux-là qui ne mettent en jeu ni le bien-être de leur famille, ni l'avenir de leurs enfants, c'est un beau et noble rôle d'être ainsi les précurseurs du progrès, les guides de leurs concitoyens, les bienfaiteurs de leur pays; c'est une belle ambition, et bien faite pour satisfaire un cœur bien placé.

Si le passé peut faire juger de l'avenir, ces précurseurs,

ces guides ne nous manqueront point, et l'on peut, Monsieur le Préfet, augurer pour notre beau département, avec de nouveaux succès, de nouvelles phases de prospérité.

*Le rapporteur de la sous-commission des produits,*

## A. CARRO.

14 mai 1856.

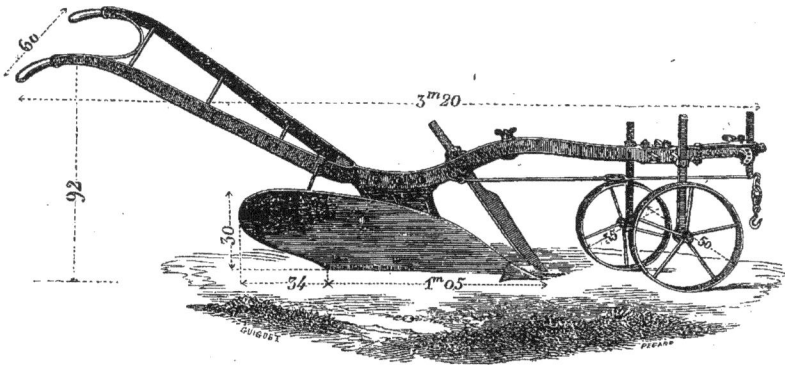

Figure 1. — Charrue Howàrd, de Bedford (Angleterre).

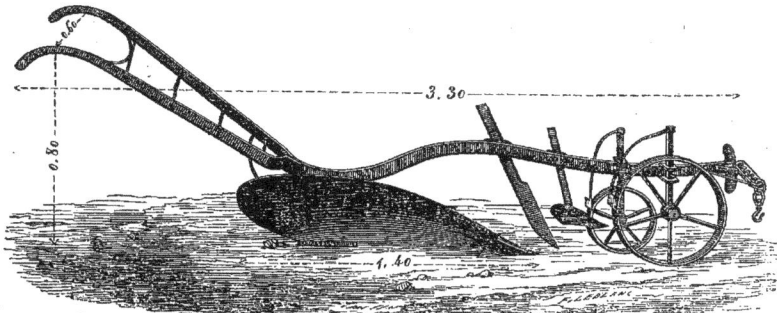

Figure 2. — Charrue de Ransomes et Sims, à Ipswich (Suffolk, Angleterre).

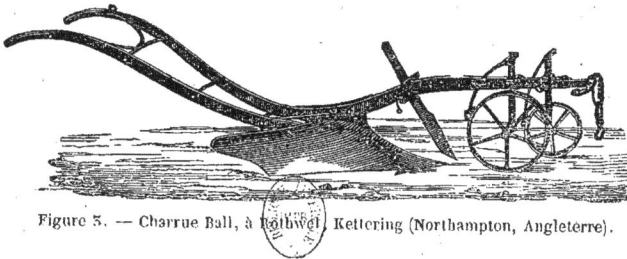

Figure 5. — Charrue Ball, à Rothwel, Kettering (Northampton, Angleterre).

5

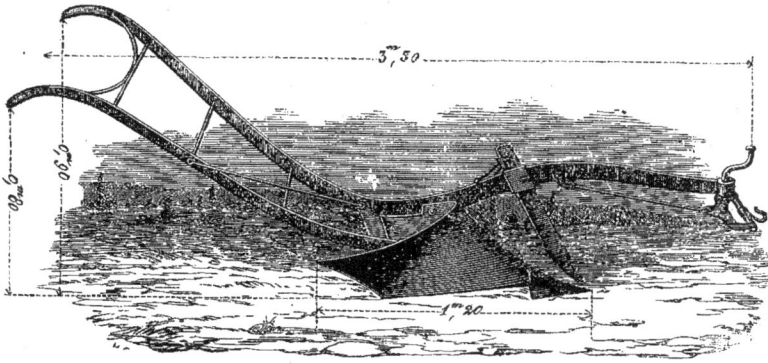

Figure 4. — Charrue Bingham (Canada).

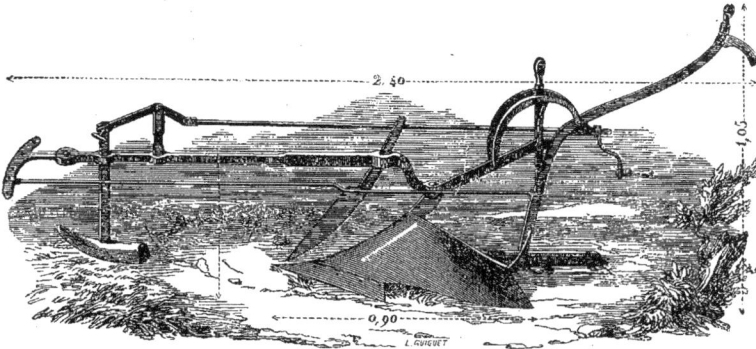

Figure 5. — Charrue de M. Van Maële (Belgique).

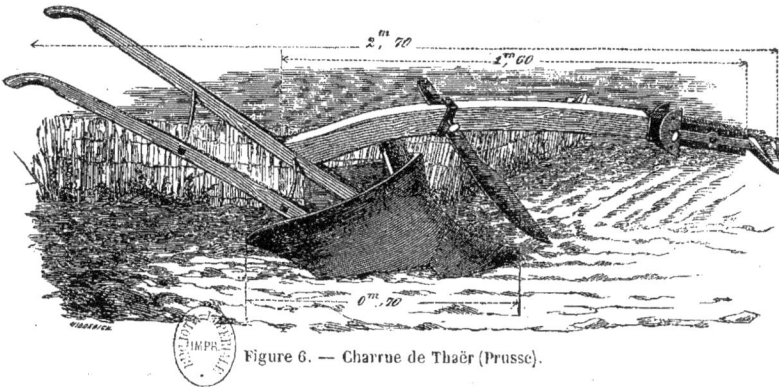

Figure 6. — Charrue de Thaër (Prusse).

Figure 7. — Charrue de Hohenheim.

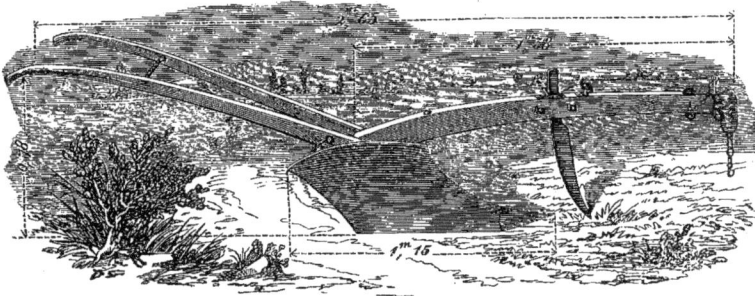

Figure 8. — Charrue Lambruschini, à Figline (Toscane).

Figure 9. — Charrue de Grignon.

Figure 10. — Charrue tourne-oreille de M. Gustave Hamoir.

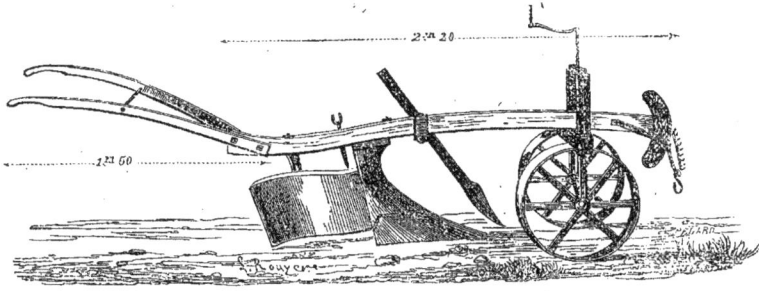

Figure 11. — Charrue Parquin, à Villeparisis.

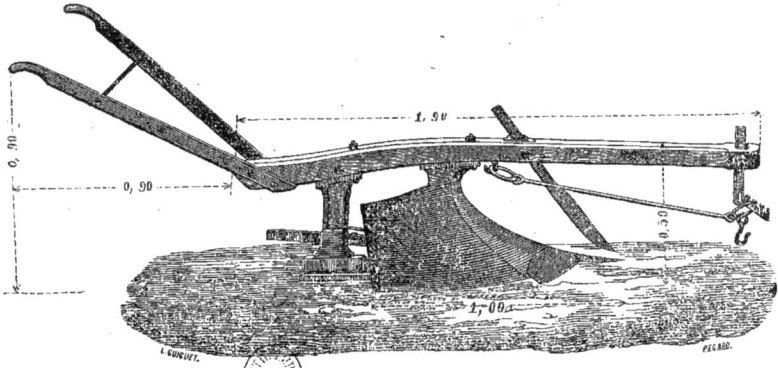

Figure 12. — Charrue de M. Armelin, de Draguignan.

Figure 15. — Défonceuse Guibal, à Castres (Tarn).

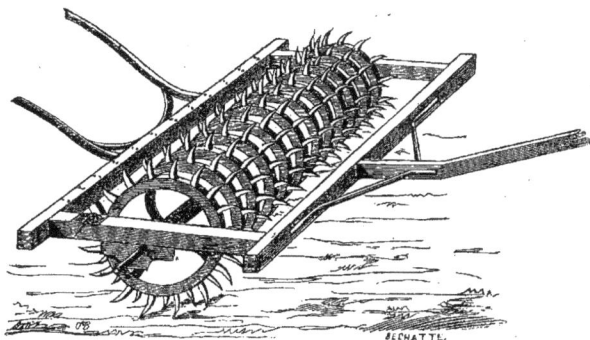

Figure 14. — Rouleau-piocheur de Guibal.

Figure 13. — Trisoc de M. Bentall, à Heybridge, Maldon (Essex, Angleterre).

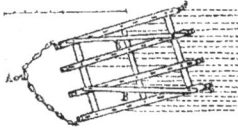

Figure 16. — Herse de M. Valcourt.

Figure 17. — Herse roulante dite Norwégienne.

Figure 18. — Rouleau Crosskill, de Beverley (Angleterre).

Figure 19. — Herse à cheval de M. Bodin, de Rennes.

Figure 20. — Moissonneuse de M. Cournier, à St-Romans (Isère).

Figure 21. — Moissonneuse de M. Wright, de Chicago (Etats-Unis)

Figure 22. — Moissonneuse de M. Manny, de Chicago (États-Unis).

Figure 25. — Moissonneuse de M. Mac-Cormick, de Chicago (États-Unis).

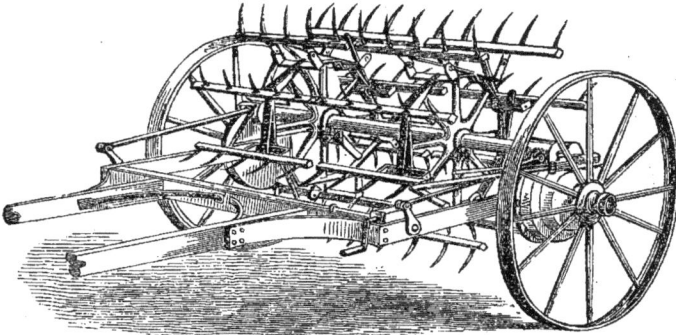

Figure 24. — Faneuse de Smith.

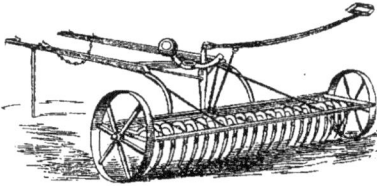

Figure 25. — Râteau Howard.

Figure 26. — Râteau à cheval dit Américain, fabriqué à Grignon

Figure 27. — Machine à battre de M. Duvoir, à Liancourt (Oise).

5ᵐ,50

4 ᵐ

Figure 28. — Machine à battre locomobile de MM. Renaud et Adolphe Lotz, à Nantes.

Figure 28 *bis*. — Machines à vapeur locomobile de M. Lotz fils, à Nantes.

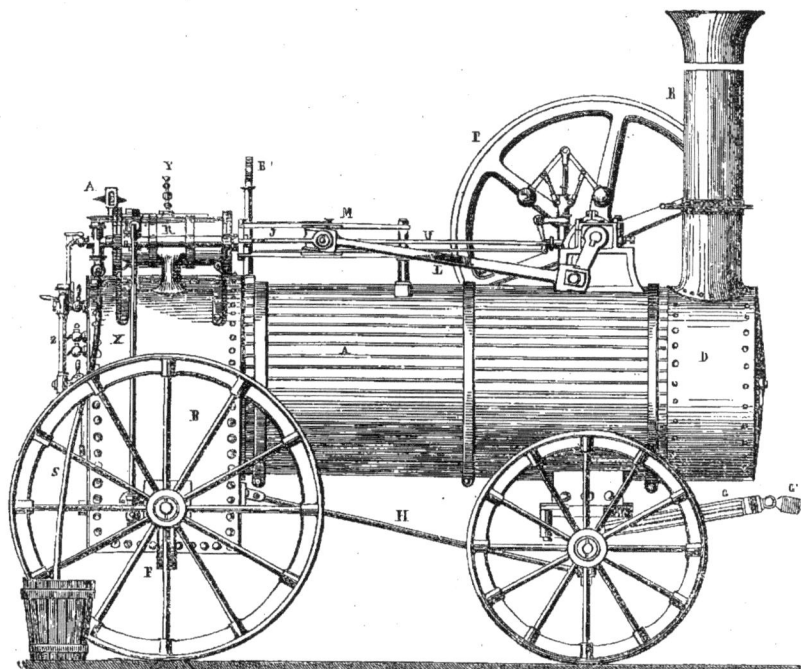

Figure 29. — Élévation longitudinale de la machine à vapeur locomobile de M. Calla, à Paris.

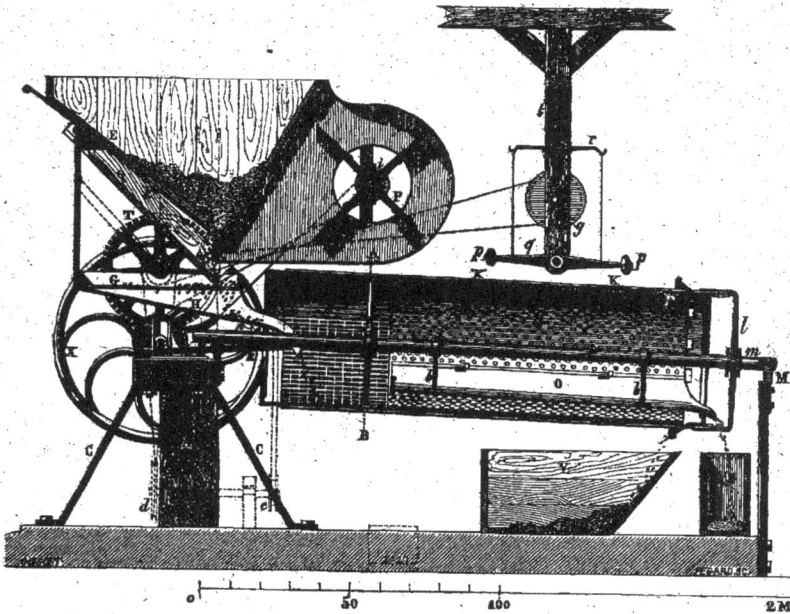

Figure 30. — Trieur de MM. Vachon, de Lyon.

*Ech. o.̃ oʹ₄ P.M.*

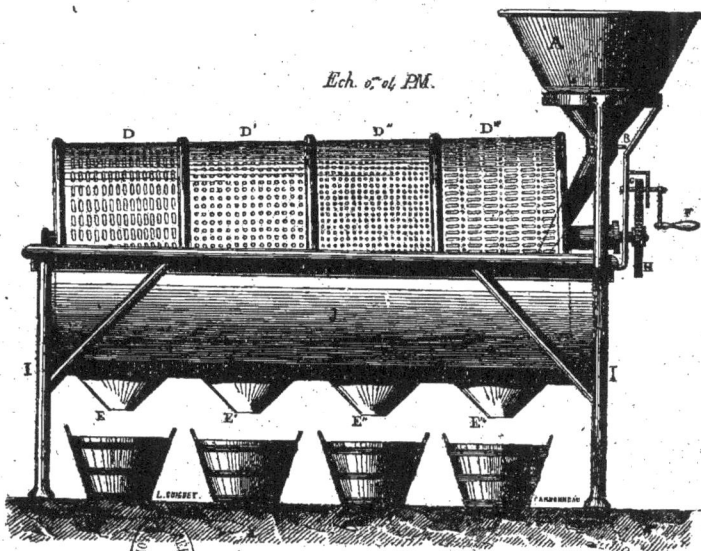

Figure 31. — Crible-trieur de M. Pernollet, de Ferney-Voltaire (Ain).

Figure 52 bis. — Coupe verticale du coupe-racines
de M. Maurer.

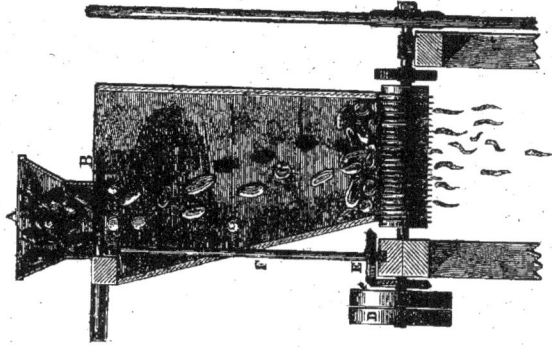

Figure 52. — Coupe-racines de M. Maurer, à Gaggenau (Bade).

7

Figure 33. — Hache-paille de M. Van Maële, à Thielt (Belgique).

Figure 34. — Hache-paille de M. Laurent, à Paris.

Figure 55. — Baratte de M. Claës, de Lembeck (Belgique).

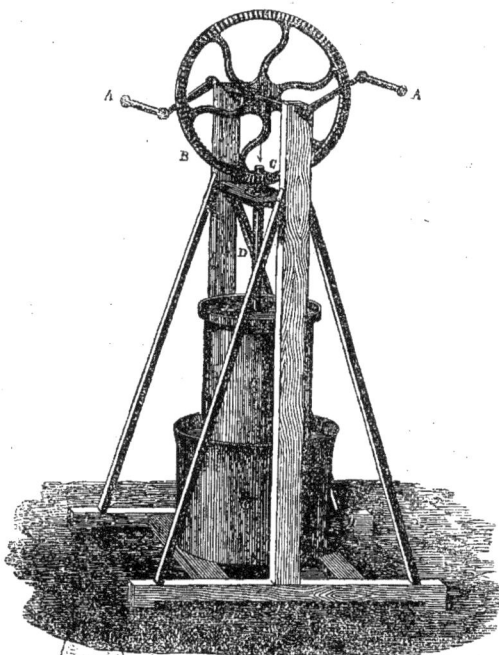

Figure 56. — Baratte dite centrifuge de M. le major Sterjusward (Suède).

Figure 37. — Machine à fabriquer les tuyaux de drainage de M. Schlosser, à Paris.

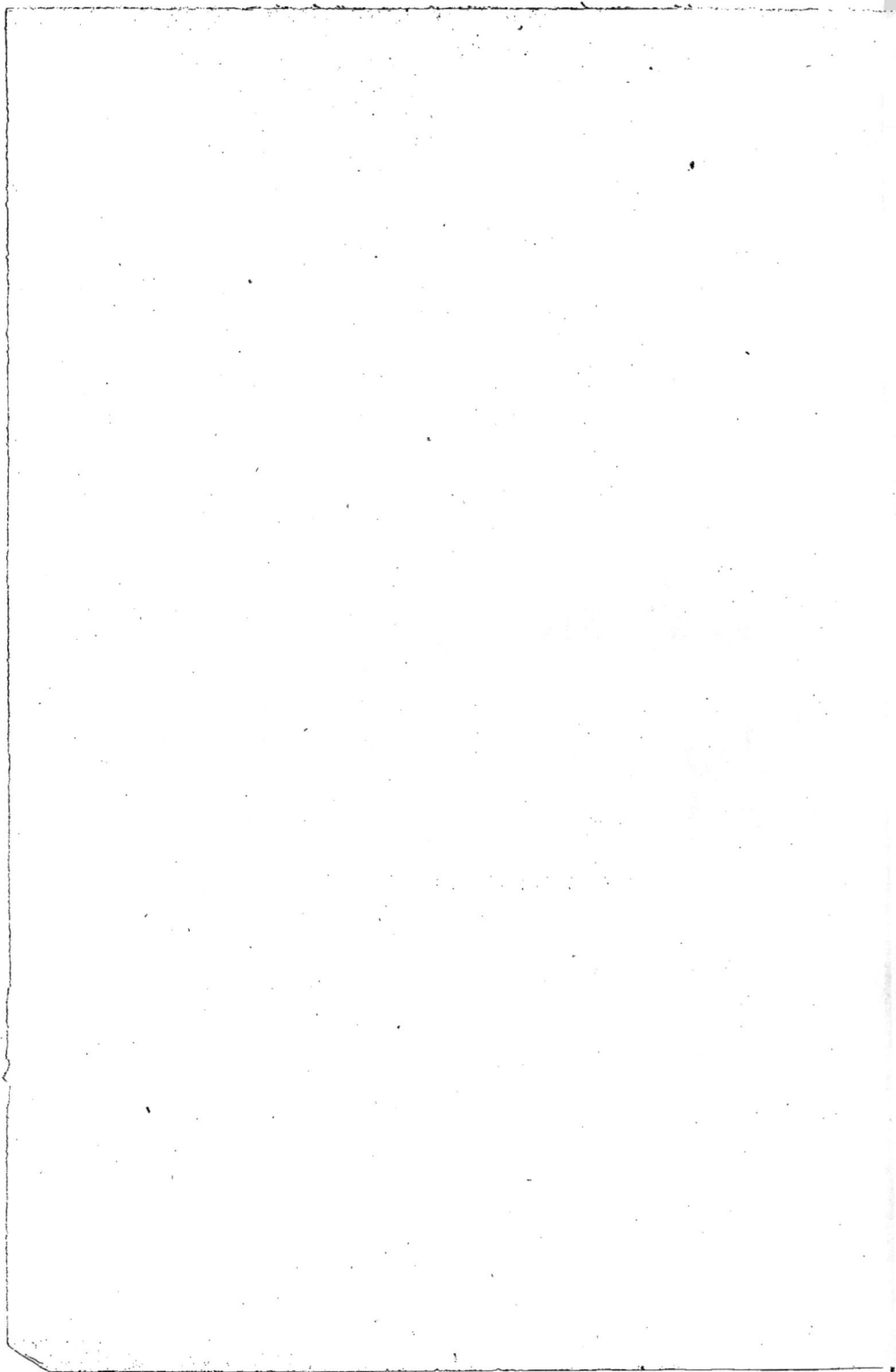

Machine à fabriquer les tuyaux de drainage.

EXPOSITION UNIVERSELLE.
PARIS 1855.
Médaille de 8e. Classe.

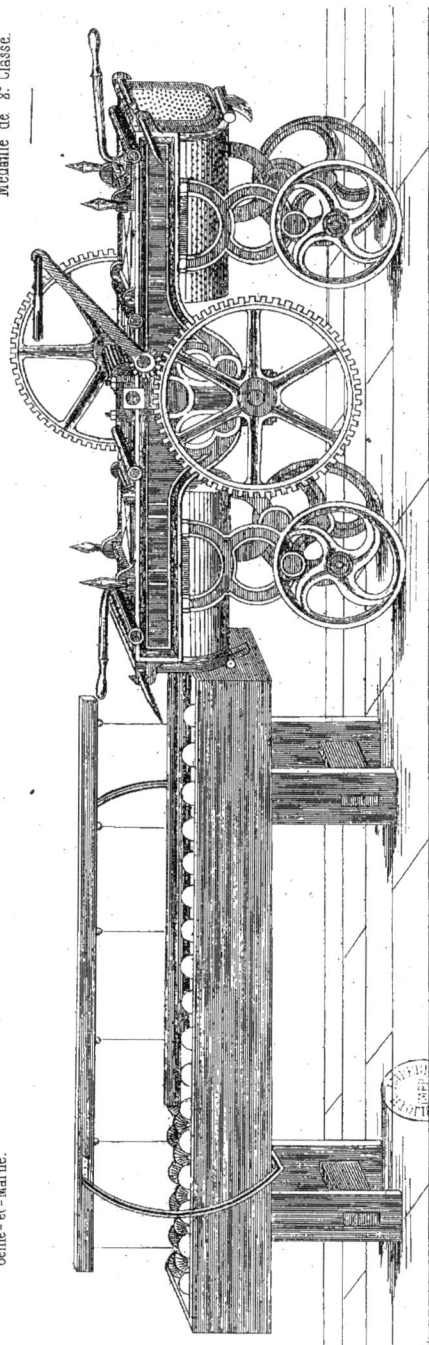

BLOT & LEPERDRIEUX.
Mécaniciens à Coubert,
Seine-et-Marne.

Echelle de 50 m/m pour Mètre.

(316) Lith. W. Thierot, à M.-Sur.

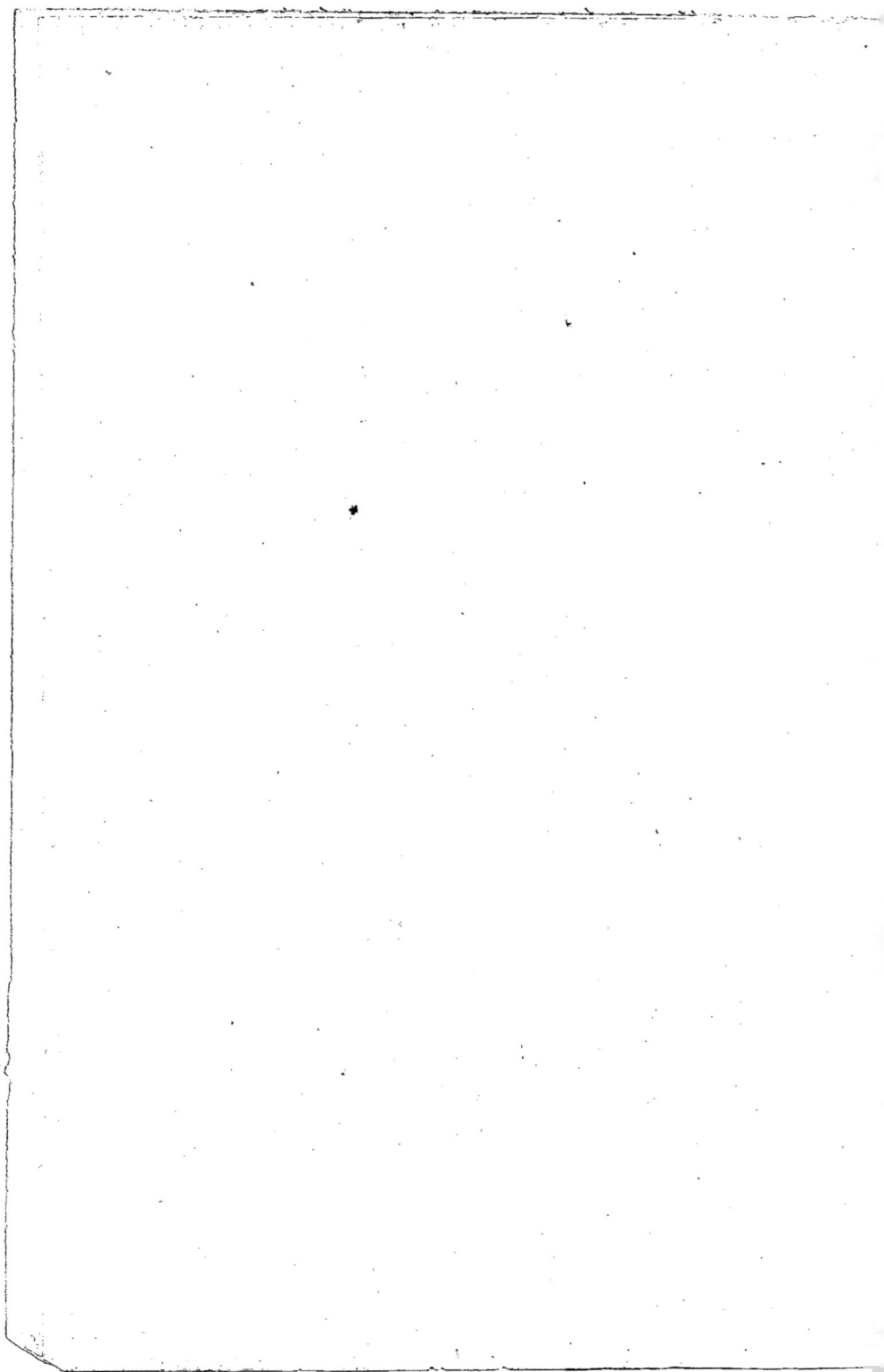

# CHAUDIÈRE ALAMBIC,
## DE
## S. PLUCHART.
### BREVET de 15 ANS, S.G.D.G.

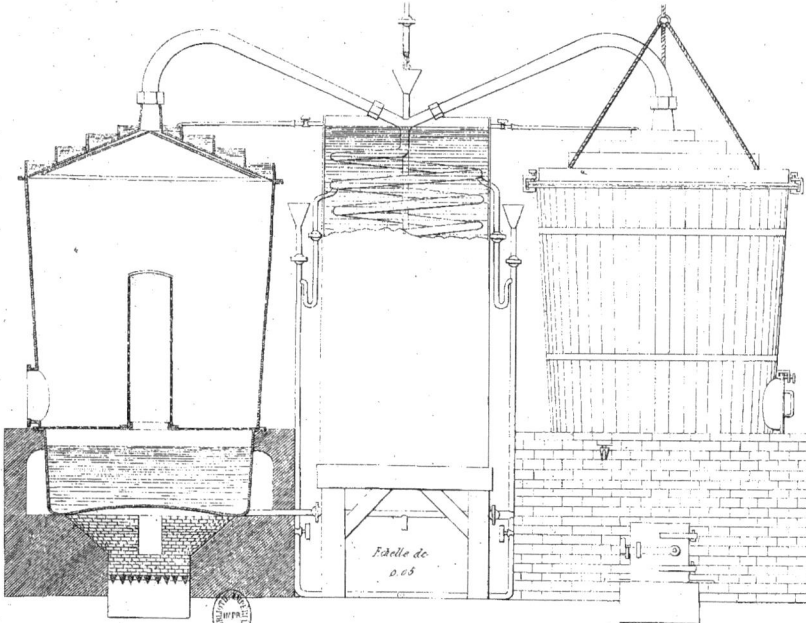

Échelle de
0.05

Appareil perfectionné, à l'usage des Fermes pour la coction à la vapeur et l'extraction simultanée de l'Alcool des
Végétaux sucrés et fermentés, Racines, Tubercules, Fruits, Sorgho, Maïs, Marc de raisin, etc.

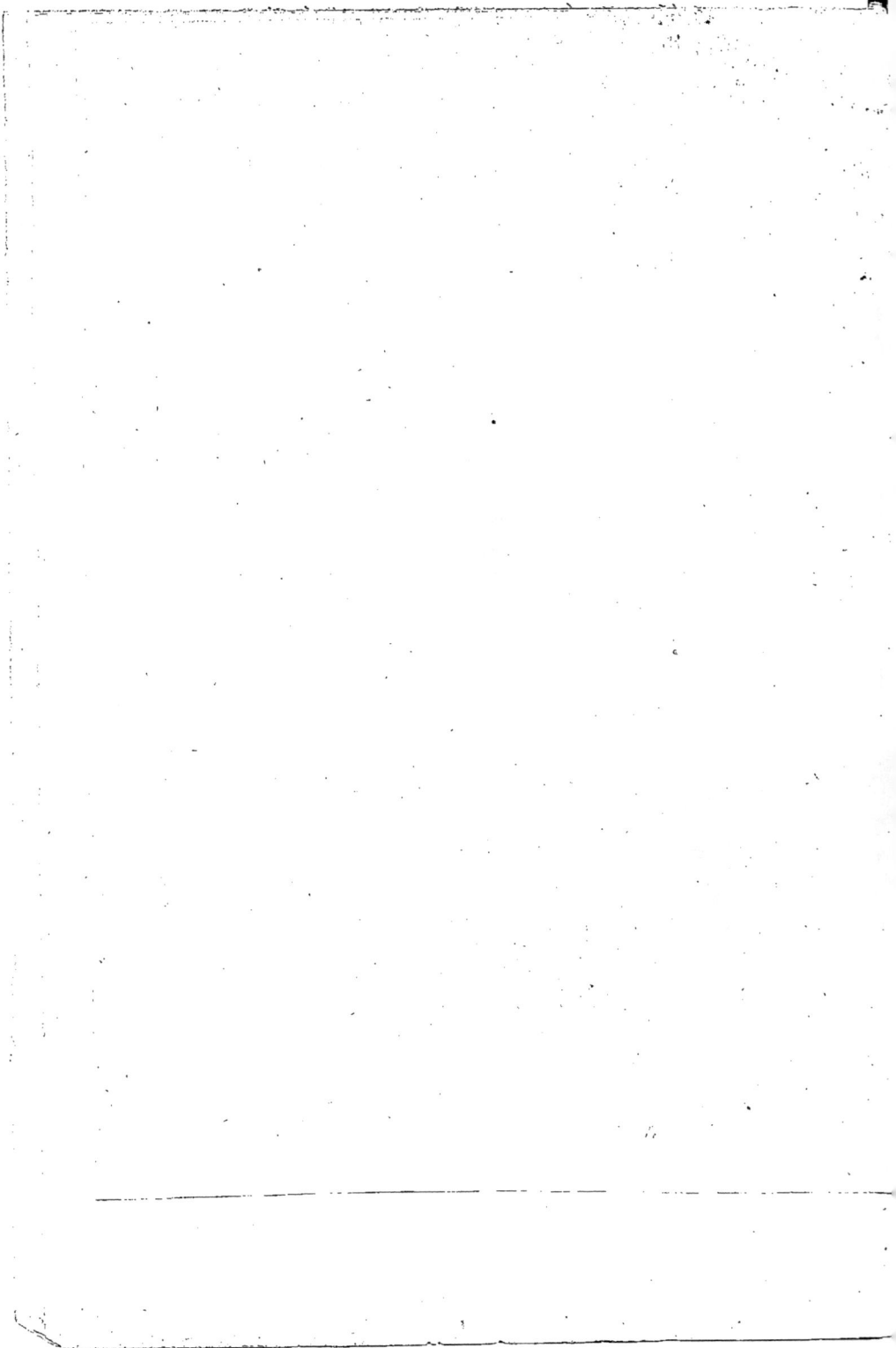

# TABLE DES MATIÈRES.

---

## INSTRUMENTS ET MACHINES AGRICOLES.

## PRODUITS AGRICOLES ET OBJETS DIVERS.

www.ingramcontent.com/pod-product-compliance
Lightning Source LLC
Chambersburg PA
CBHW071207200326
41519CB00018B/5405